扭轉思維！打造幸福家居的創意圖鑑

在收納與生活上花點巧思
就能打造舒適的居家環境

田中娜奧美
TANAKA NAOMI

瑞昇文化

目錄

第1章
改變思維方式就能成為居家整理達人

第2章 從收納開始評估如何塑造居家環境

第3章 從順利做家事開始塑造居家環境

第4章

好廚房讓我們愛上做飯

第1章

改變思維方式就能成為居家整理達人

從認識現實生活開始吧

現實生活1：公寓式住宅中不盡人意的地方

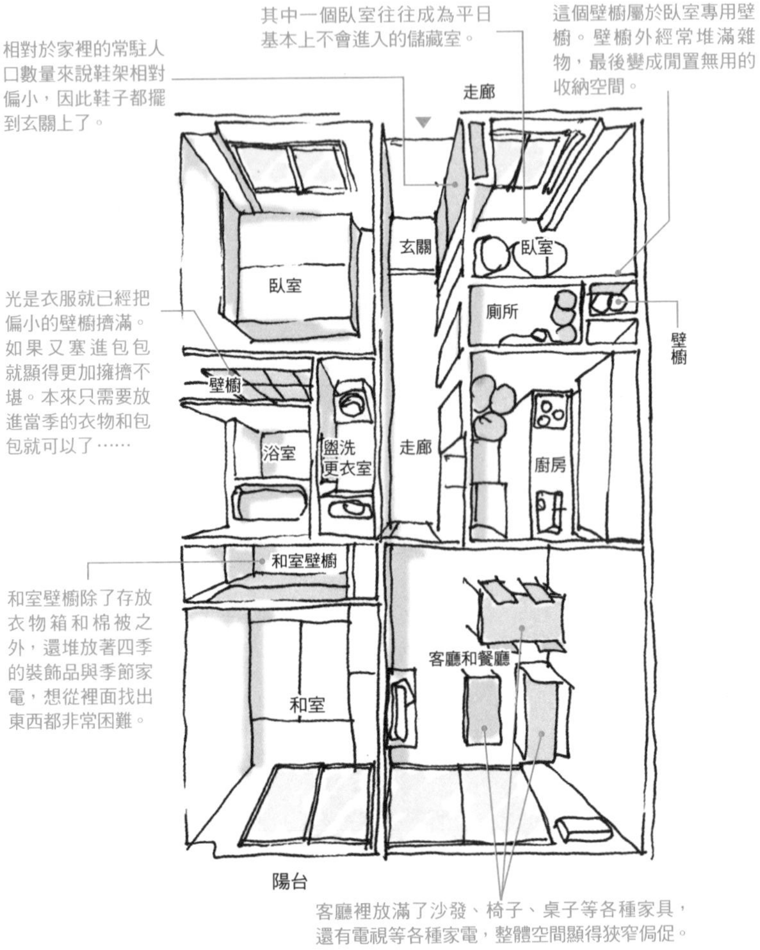
其中一個臥室往往成為平日基本上不會進入的儲藏室。
這個壁櫥屬於臥室專用壁櫥。壁櫥外經常堆滿雜物，最後變成閒置無用的收納空間。
相對於家裡的常駐人口數量來說鞋架相對偏小，因此鞋子都擺到玄關上了。
走廊
玄關
臥室
臥室
廁所
壁櫥
光是衣服就已經把偏小的壁櫥擠滿。如果又塞進包包就顯得更加擁擠不堪。本來只需要放進當季的衣物和包包就可以了……
壁櫥
浴室
盥洗更衣室
走廊
廚房
和室壁櫥
和室壁櫥除了存放衣物箱和棉被之外，還堆放著四季的裝飾品與季節家電，想從裡面找出東西都非常困難。
客廳和餐廳
和室
陽台
客廳裡放滿了沙發、椅子、桌子等各種家具，還有電視等各種家電，整體空間顯得狹窄侷促。

像公寓或者以銷售為目的建成的住宅，都是在不知道日後會是什麼樣的人入住的情況下蓋的。因此在實際居住的過程中，住宅的主人往往會發現格局並不能滿足自己對生活的需求。經常聽人抱怨說「房間很難整理」、「東西太多了，放不下」等，之所以會有這些煩惱，就是因為作為我們生活工具之一的住宅，並不能跟我們的實際生活方式互相協調的緣故。不僅如此，就算是居住在獨院獨戶型住宅裡的人，同樣也經常會表露出的煩惱。

首先，讓我們先來關注一下自己的生活方式吧。要想每天的生活都過得美滿幸福且豐富多彩，就得充分掌握那些表面上看不見的注意事項才行。

現實生活 2：臥室裡連放棉被的地方都沒有

空調也成了斷送室內裝潢整體效果的重要因素。
就連門框上面的橫木上也掛著衣服。
壁櫥裡塞得滿滿的。
壁龕也被利用來置物。
衣櫥的上面成了帽子和包包的存放處。
隨處疊放的乾淨衣物。
非常占空間的曬被用架子。
散落在地板上的燙衣板和電熨斗。
連個放置地方都沒有的午睡用毛毯。
直接放在榻榻米上的衣櫥。

現實生活 3：堆滿各種物品的廚房

如果進入廚房的出入口有 2 個，那麼其中一個一定被各種雜物堵住不通。
各式各樣的烹飪家電太多，因此不得不購買成品簡易置物架。
架子之間的空隙塞滿了物品。
廚房櫃檯上放著各式各樣的瓶瓶罐罐，一點空間都沒有。
廚房地板上也到處都是雜物。
就連把手上也都掛著毛巾等物品。

不銹鋼架子上掛滿了各種平日基本用不上的烹飪用具。

電器用品相互堆疊，最上面還擺著面紙盒。

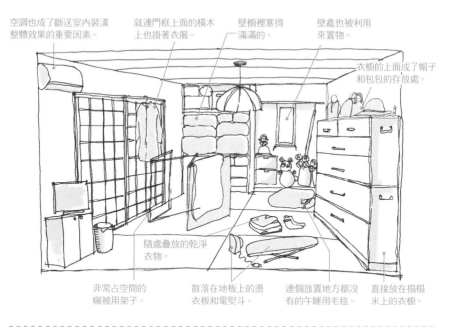

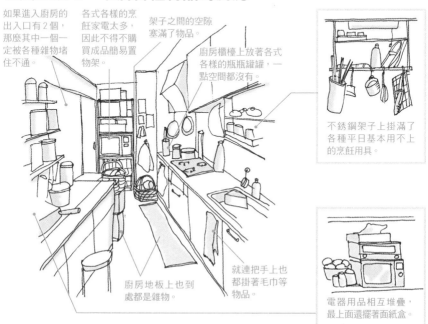

透過收納讓自己愛上本來厭惡的家事

讓清掃不再那麼麻煩的清掃用具收納櫃

清掃用具櫃存放各種做家事必備的器具，若是能配置在屋子的中心等便於取用的場所是最好的。是讓討厭做家事的人改觀的最佳途徑。

如果附近就有電源，那麼都不需要頻繁地拔插插座。

如果抹布掛架和放置水桶的地方距離不遠，那麼清掃之後的善後工作將非常省心省力。

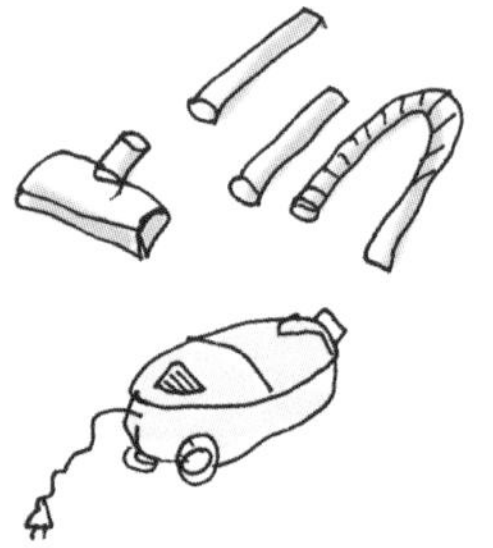

如果將吸塵器拆解存放，需要用的時候還得重新組裝，非常麻煩。重量越重的東西請保持能馬上取出使用的狀態來收納吧。

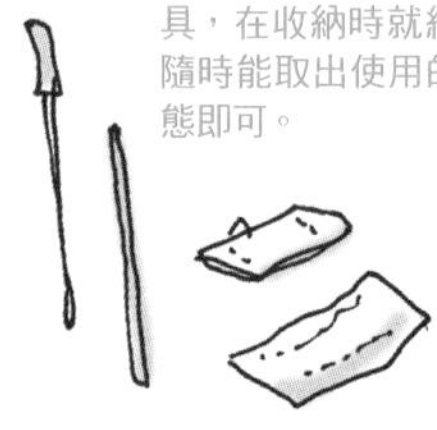

像平板拖把這類不拆開也不太占位置的用具，在收納時就維持隨時能取出使用的狀態即可。

像是打掃或燙衣服，每個人都有自己「討厭的家事」。他們大多認為做家事很費時，或是常常不能在合適的地方找到必要的用具。如果為了做家事就必須在家裡辛苦穿梭，不論是誰都會喪失幹勁吧。所以請試著想像以下的情景吧：當每一項家事流程在腦海中浮現的同時，你都能立即想到在某個地方的用具可以讓做家事更輕鬆。另外，收納方法也很重要。如果每一種用具在收納的時候都處於隨時都能立即使用的狀態，那麼想做家事的時候就能夠想開始就開始了。

如上所述，「家事」和「收納」兩者之間是想分也分不開的相互依存關係。

把「厭惡」變成「喜歡」的創意

如果你不喜歡整理剛洗乾淨的衣服

①在原場所完成所有工作
利用晾衣台晾乾衣服，然後就在晾衣臺上整理、疊好衣服。

②在簡化收納上下功夫
把毛巾和換洗衣物收納空間設置在距離洗衣機、室內晾衣場所和更衣間的附近。另外，燙衣板也要設置在附近場所。

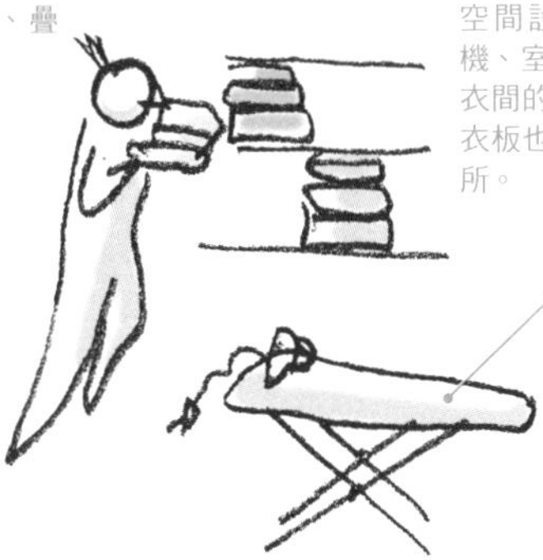

如果你不喜歡飯後清洗的工作

①一邊聊天一邊收拾
將廚房裝修成能夠一邊和家人聊天一邊清洗收拾的開放式廚房。

②設置成不需要馬上進行清洗的隱蔽環境
用點巧思讓未清洗的髒盤子、髒碗不那麼顯眼。

如果你不喜歡擦鞋

①營造馬上就能夠擦拭完畢的輕鬆舒適的環境
在玄關放一個小凳子（同時也便於脫鞋和穿鞋），把所有擦鞋的工具都歸攏在一起放在附近。

②分批作業
不要一次把所有的鞋子全都擦完，而是分若干天完成。

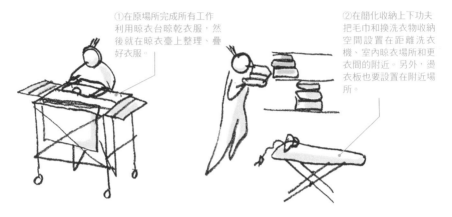

與似曾相識的不美觀事物說再見

堆放雜物的椅子

由於上面放置東西太多而沒法坐的椅子。看到這種情形，椅子的設計師會有種想哭的衝動吧。
雖然臨時放置一些東西也無可厚非，但畢竟椅子的功能不是收納。所以，趕快把椅子上的東西收拾起來吧。

有收納功能的椅子

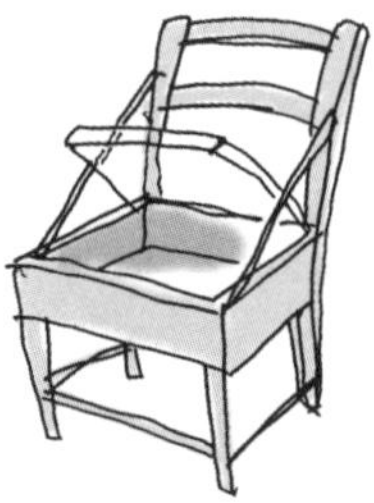

不管是用來坐還是收納都沒有問題。

可當展示架的椅子

造型優美的椅子不只具有座椅功能，和珍藏的物品搭配也能變成不錯的裝飾品。

環視一下我們的房間，會發現房間裡放了很多很奇怪的物品。之所以說它們奇怪，是因為它們有的沒有發揮它們本來的功能，有的跟本來的模樣相比已經完全不同了。例如椅子，椅背上掛著上衣或者帽子等物品，椅子上面還放著提包。雖然隨手一放非常方便，但這樣一來椅子就沒法當座位坐了，這就失去了它的本來功能。

此外，還有掛著抹布的烤麵包機或餐桌上鋪的塑膠墊等等。一個經過巧思設計的商品，最後被使用時卻被蓋上罩子，實在太可惜了。

首先把這類物品好好收拾一下吧。接下來您的住宅一定看起來大大不同。

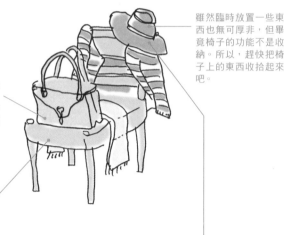

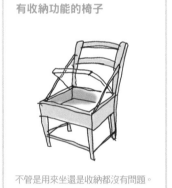

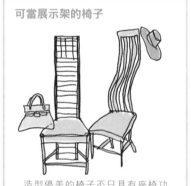

各種降低美感的收納方式

覆蓋收納法

很多人喜歡不管什麼東西都要蓋上一塊防塵布。但這會對打掃造成阻礙，快點拿掉吧。

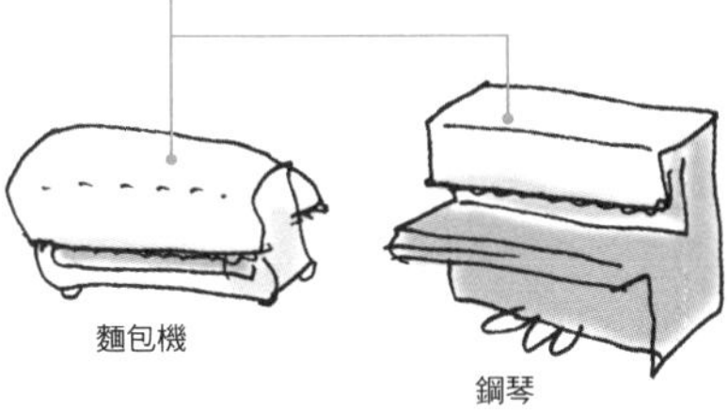
麵包機
鋼琴

常見的廁所

有些家庭的廁所裡，無論衛生紙架、馬桶蓋還是馬桶周圍的地板上，都覆蓋著罩子或者墊子，其實這些罩子反而讓廁所更加不衛生。

廁所裡到處都是罩子或者墊子，看起來一點都不美觀。

插入收納法

在餐桌上鋪上桌布本來是為了保護餐桌不受損害，而且看起來更好看，然而有些家庭會習慣把照片、便條紙等物品順手夾到桌布底下，這樣一來就一點兒都不美觀了。

桌布上沾上了照片上的顏料，會更加骯髒。

塑膠袋收納法

絨毛玩具

有人喜歡把絨毛玩具裝進塑膠袋裡來裝飾房間。可一旦塑膠袋稍微變髒一點點，反而看起來更加不好看。

有些人喜歡用塑膠袋把遙控器裝起來再使用，可你想什麼時候再把塑膠袋去除，直接使用遙控器呢？

遙控器

包起來收納法

布過不了多久也會變髒。讓人完全不能理解為什麼要這樣把東西包起來收納。

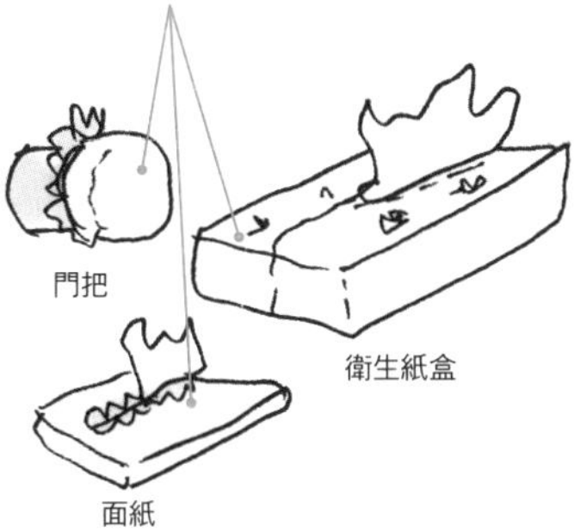
門把
衛生紙盒
面紙

椅腳

網球

有的人不用套子，而是使用硬式網球來代替。

為了防止發出噪音，也為了防止地板受到損傷，有些人喜歡在椅腳或者桌腳的下端安裝一個套子。可這一舉動事實上完全破壞了名牌桌椅的優美設計。

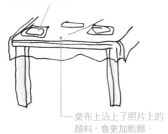

嘗試一下減少物品數量吧

請考慮一下存放這些物品的成本

一個榻榻米那麼大的面積平均
一年就需要花費4萬8千日元

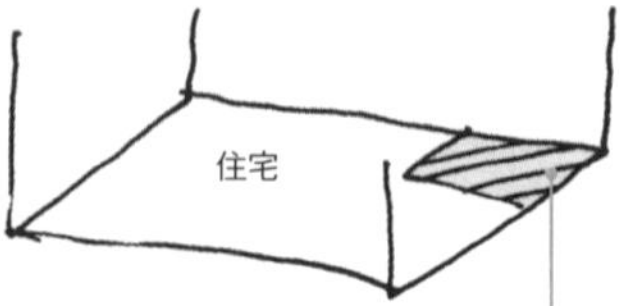

假設81平方公尺的公寓每月需要支付租金20萬日元，那麼一個榻榻米那麼大的面積（1.62平方公尺）一年所需要的租金就是4.8萬日元（20萬日元×1.62/81㎡×12個月）。

說起來在這麼一個榻榻米的空間上能夠放置的物品有哪些的話……

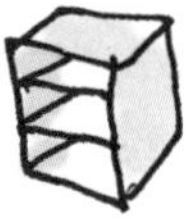

Ⓐ因為覺得可惜而沒捨得扔掉的多層櫃。

Ⓑ非常占空間的地方特色人偶玩具。

Ⓒ總是認為有一天會再次流行，所以姑且先收起來，但實際上根本不穿的衣服。

為了保管上述ⒶⒷⒸ這樣的雜物一年需要花費4.8萬日元，5年的話就是24萬日元。

為什麼雖然總是想把家裡收拾得乾乾淨淨，整整齊齊，而實際上卻總是各種雜物散佈整個房間，淩亂不堪呢？

對於那些答案是「因為東西太多了」的人們，只需要考慮一下保管這些物品的費用，也就是「放置這些物品所需要的場地費（租金）」，這個問題也就沒那麼難以解決了。因為費用出乎意料的高額，所以也應該能夠讓人下定決心扔掉一些東西了吧。對於那些答案是「地方太小」的人們來說，如果沒有搬家、新建住宅或者增改建住宅的想法，那麼根據現有的居住空間來評估物品的總量，並進行適度調整是非常必要的。

可以這樣考慮：這件物品是那麼不可或缺嗎？它的用途和功能是否還有很多其他物品能代替呢？

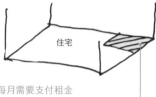

減少物品的方法

要變成極簡主義風格嗎？

想要變成像只攜帶一個皮箱就能夠生活的寅次郎先生那樣的人，可沒有那麼容易。

減少能夠資料化的物品

CD・DVD

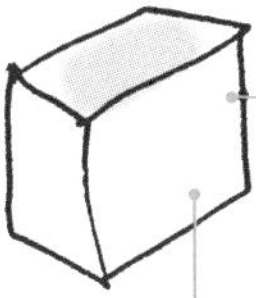

硬碟

可以通過電腦等管道來獲取CD上的音樂，把不再需要原稿的紙本文件掃描成電子檔來保存，還可以利用網路雲端服務來保存。

話雖然這麼說……

照片

可是電子檔是有可能會損壞的，所以對於那些非常重要的照片最好還是列印出來保存比較保險。

改變生活習慣

掌握購買一件新衣服就扔掉一件舊衣服的習慣。

對於那些舊衣服……

處理的方法：
1. 可以通過拍賣或者二手市集賣掉。
2. 捐獻
3. 可以當做抹布等進行再利用
4. 扔掉

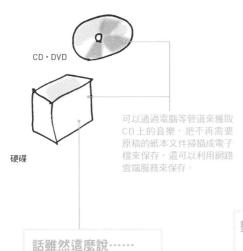

從瞭解分量開始

先測量尺寸，然後列出持有物品的清單吧

記錄好物品存放的位置，以及其大小尺寸

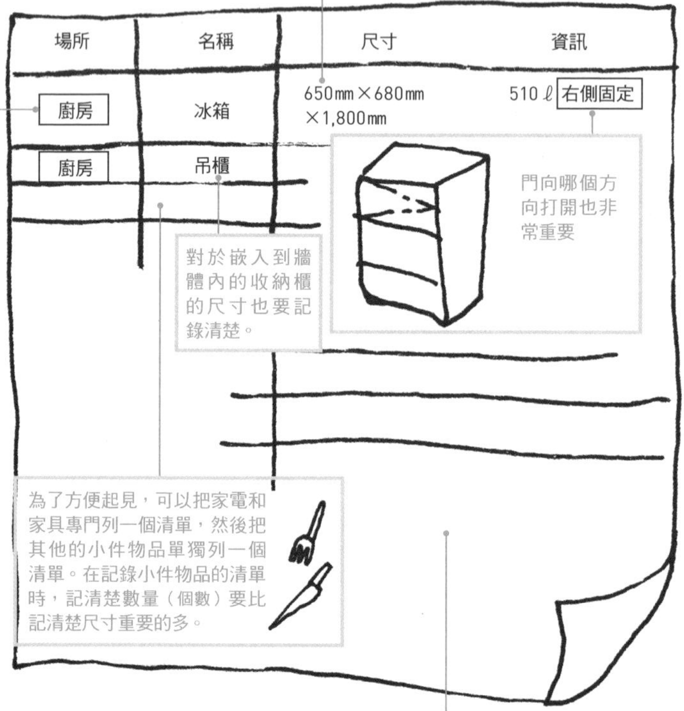

場所
名稱
尺寸
資訊
廚房
冰箱
650mm×680mm ×1,800mm
510ℓ 右側固定
門向哪個方向打開也非常重要
廚房
吊櫃
對於嵌入到牆體內的收納櫃的尺寸也要記錄清楚。
為了方便起見，可以把家電和家具專門列一個清單，然後把其他的小件物品單獨列一個清單。在記錄小件物品的清單時，記清楚數量（個數）要比記清楚尺寸重要的多。

把每一個房間裡存放的所有家電和家具的大小尺寸進行測量並作好記錄，列出清單。然後再逐個分析每一個物品是「還能使用的物品」，還是「可以丟棄的物品」，或者是「需要更新替換的物品」，從而分別做出相應的判斷。

要想得到一個「整潔乾淨」的居家環境，首先需要列出「持有物品的清單」。

這項工作的性質與所謂的「記錄飲食減肥法」有相似之處。透過對什麼地方存放著什麼家具和什麼物品進行詳細記錄，從而列出每個地方收納物分量的清單，於是家居環境不夠整潔乾淨的原因便自然而然地找到了。

家中物品之所以雜亂無章，除了數量過多之外，收納空間沒有被有效利用也是一大要因。要想充分利用好所有的儲物空間，那麼就需要瞭解每一個物品的「大小尺寸」、「場所」（地址）、「種類」，並將它們與儲物空間合理搭配。

不但要測量物品，還要測量它們的「容器」——房屋

要形成自己的尺寸感

從廚房的高度到走廊的長度，首先要把住宅內所有部位的尺寸測量清楚。

天花板的高度也要確認好

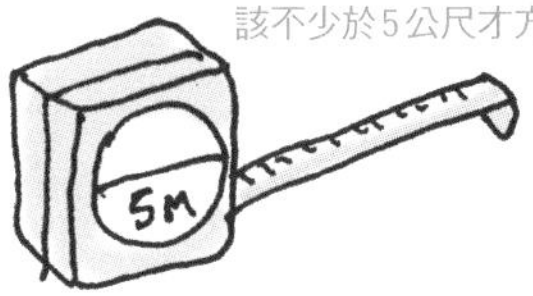
5M

捲尺的最大測量尺寸應該不少於5公尺才方便

天花板
地板

拿著捲尺把所有地方都測量一遍，這是一個親自體驗不同距離的過程，這樣一來，就能夠培養起自己的尺寸感。

測量過程中的注意事項

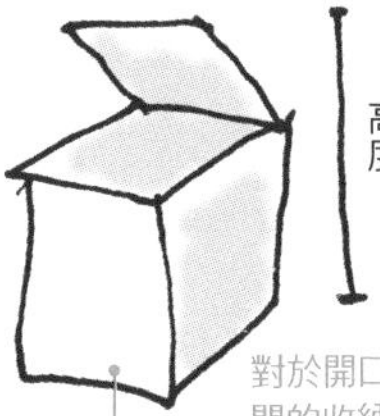
高度

對於開口向上、蓋子向上打開的收納容器，因為存放物品時要打開蓋子才行，所以要測量出把蓋子打開後的最大高度。

寬度

像這種物品，一定要測量它的最大尺寸。例如，有把手的一定要連把手一起測量。

在測量家電的時候要注意留有一定的緩衝，因為電器不僅需要散熱（不能緊貼著牆壁放置），而且使用過程中還必須考慮電源線的長度才行。

提前確定自己的尺寸

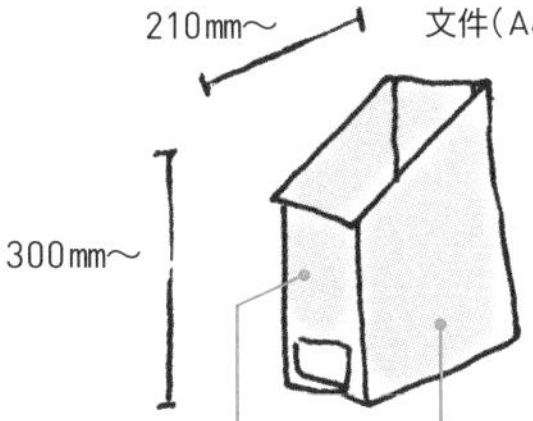
210mm〜
文件(A4)
300mm〜

用裝A4大小的文件箱收納這類文件

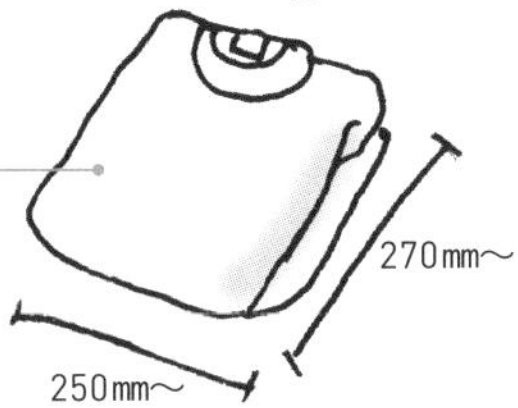
衣物
270mm〜
250mm〜

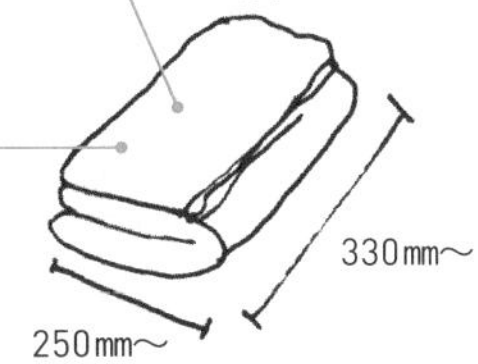
毛巾
330mm〜
250mm〜

摺疊方法每一次都一樣非常重要

可以按照檔案內容的不同，用A4大小的透明資料夾將其分類。

以自己「慣用的摺法」為佳。只要能輕鬆疊放的話，收納也會更加有效率。

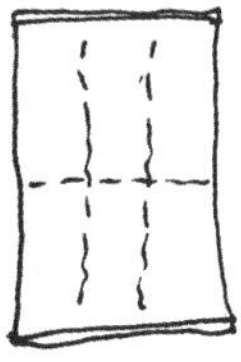

先對摺，然後三摺，這樣摺疊浴巾比較容易收納。

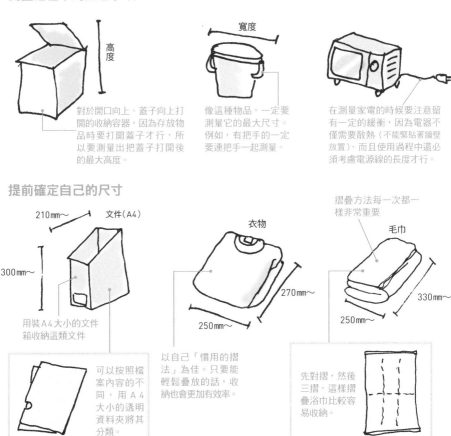

評估最好的放置場地

每一件物品都有自己的「地址」

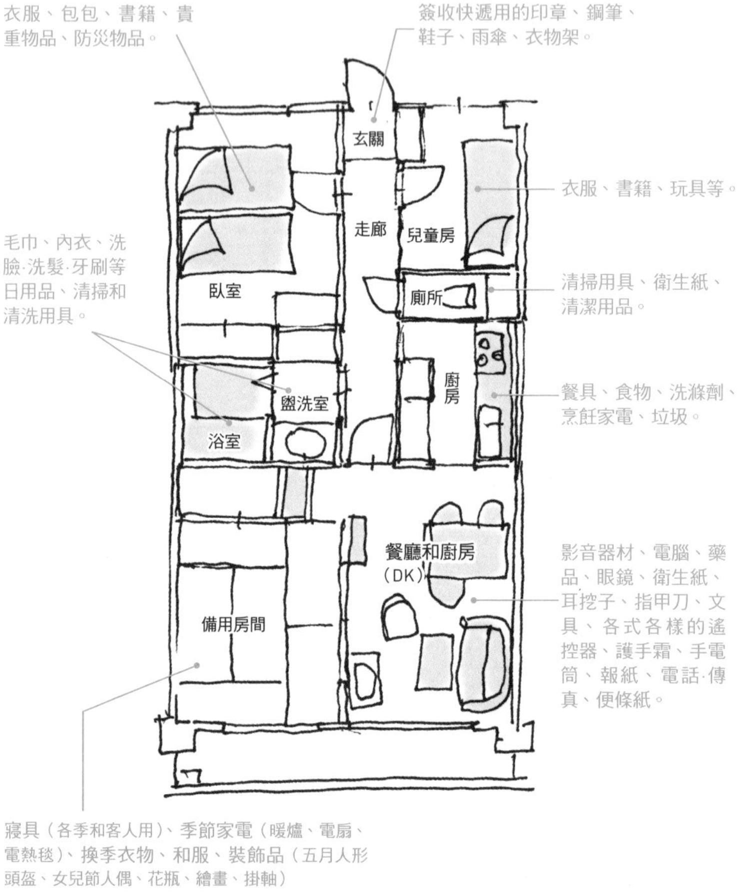

衣服、包包、書籍、貴重物品、防災物品。
簽收快遞用的印章、鋼筆、鞋子、雨傘、衣物架。
玄關
衣服、書籍、玩具等。
走廊
兒童房
毛巾、內衣、洗臉·洗髮·牙刷等日用品、清掃和清洗用具。
臥室
廁所
清掃用具、衛生紙、清潔用品。
廚房
盥洗室
浴室
餐具、食物、洗滌劑、烹飪家電、垃圾。
餐廳和廚房（DK）
影音器材、電腦、藥品、眼鏡、衛生紙、耳挖子、指甲刀、文具、各式各樣的遙控器、護手霜、手電筒、報紙、電話·傳真、便條紙。
備用房間
寢具（各季和客人用）、季節家電（暖爐、電扇、電熱毯）、換季衣物、和服、裝飾品（五月人形頭盔、女兒節人偶、花瓶、繪畫、掛軸）

使用牙刷的場所就是盥洗室。就像這樣，每一樣物品都應該有它所在的地址，也就是便於發揮它功能的地方。把物品放在人們需要它的地方，並且成系列放置的話，不僅使用起來方便快捷，而且也非常好收拾打理。

當然，如果家中空間太小，的確很讓人頭痛。這時候就需要充分利用「大街上的空間」了。例如，雖然很想把所有的衣物都收進壁櫥裡，但壁櫥實在太小，不可能把所有的衣物都放進去，那麼這時候就可以充分利用一下提供保管服務的洗衣店，讓洗衣店充當自己的壁櫥。家裡存放的物品減少了，生活起來也就清爽舒適得多了。

試著把都市空間想像成住宅的一部分

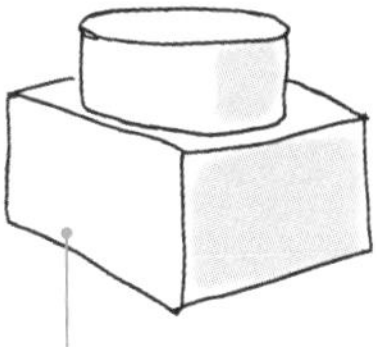

圖書館是我家的「書架」和「書庫」。

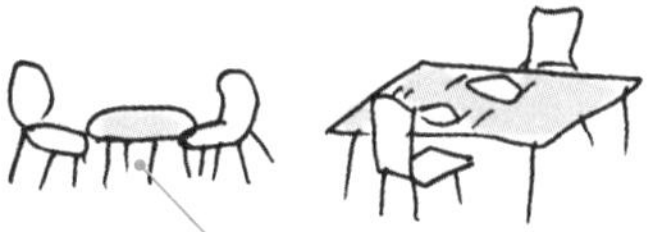

把咖啡館和餐廳當做自己家客廳、餐廳和廚房的替代品。

把超市和便利商店當做自家的「冰箱」和「食物倉庫」來使用。不要一次購買太多的東西。

自己的住宅

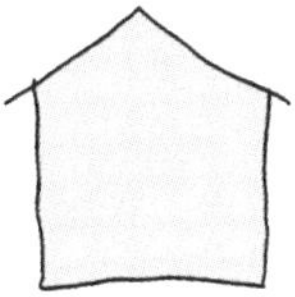

可以把自己的住宅面積考慮得比實際面積小一圈。

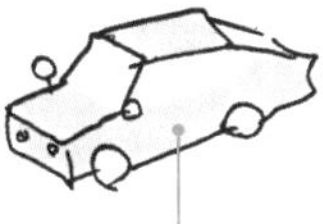

如果使用電車、公車等大眾交通工具，那麼自己家裡就不需要「停車位」了。同樣，共用車輛也是個不錯的選擇。

公園就是「自家庭院」。

洗衣店是沒有容量限制的「自家壁櫥」。雖然有保管期限的限制，但是能夠把不同季節的衣服以最佳狀態保管，因此非常方便。

藥妝店是各式生活用品的「收納櫃」。因此根本不需要一次性購買太多東西。

澡堂相當於自家的大型「浴室」。如果能夠成為健身俱樂部的會員，不僅能夠進去洗澡，而且家裡也不再需要專門設置健身室和健身器材了。

家事的壓力常來自於儲物櫃的材質

收納櫃的內部要使用與物品相配的材料

常見的椴木複合板

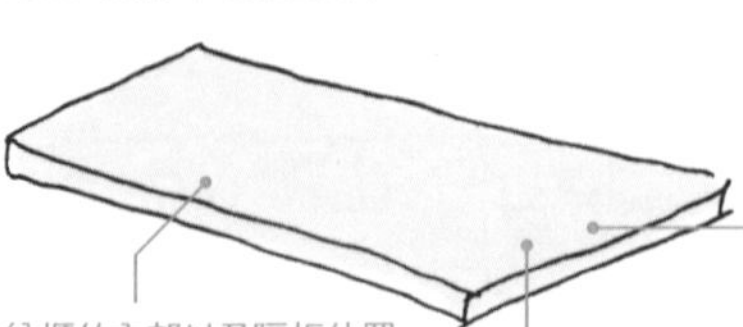

收納櫃的內部以及隔板位置的最常用材料便是複合板。其中以椴木為原始材料製作而成的椴木複合板因價格實惠而最受歡迎。

隔板是把芯材用兩片複合板像三明治那樣夾起來後形成的材料（木芯板，芯材密度小的被稱作flush）。

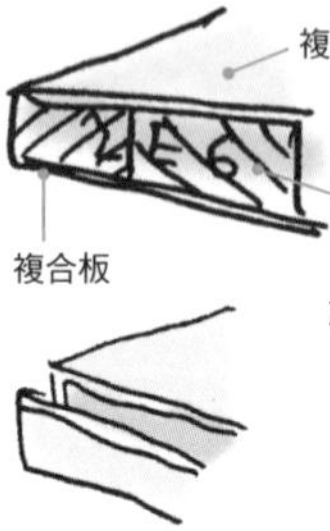

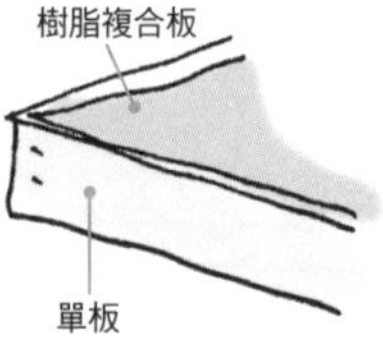

如果隔板使用椴木複合板，價格雖然實惠，但很容易髒汙。如果使用樹脂複合板等板材，就可以直接用水擦拭。

隔板的邊緣（木材的橫斷面）經常會通過張貼膠帶或者無垢板（單板）等方式進行包裝處理（化妝），當然也有不進行任何處理直接使用的（視覺效果會受影響）。

可以用水擦洗的材質

底部直接鋪上不銹鋼托盤就可以了。不但取出來放進去都非常方便，而且還可以用水清洗後重複使用。

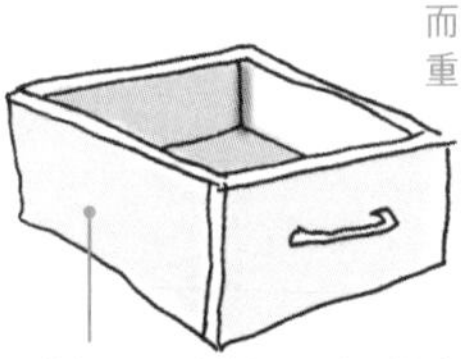

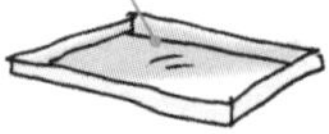

盛放調味料等物品的收納盒，內部最好使用具有防水效果的美耐皿或塑膠合板等板材，這樣就能夠直接用水擦洗了。

吸收性和通氣性良好的格子板

用桐木或者杉木等材質的無垢板製作而成的格子板。

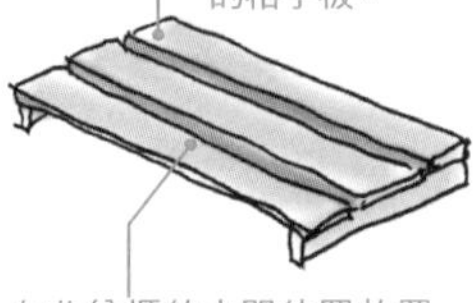

在收納櫃的中間位置放置一個格子板，把抽屜的底板製作成格子板的形狀，等等。

廚房中收納櫃的底部經常會被調味料等物品弄髒，而且髒汙還會浸透到內部，就算用水擦洗也很難清除乾淨。這樣不僅會花費更多的清掃時間，而且還會從心理上增加我們的壓力。

要想做好收納工作，就需要根據物品的特點準備與其相配的儲物櫃。如果打算用它來儲存液體類物品就需要選擇使用有防水功能的素材；如果要用來收納容易受潮的棉被，就要選擇能調節濕度的素材；如果要用來當成擺放裝飾品的架子，就要注重素材的美觀。如果現有的儲藏櫃素材跟實際需求不搭配也不需要擔心。一般情況下只需要進行「微調」就能把問題解決掉。

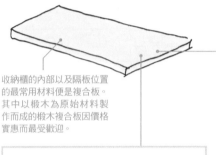

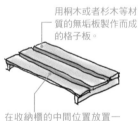

怎樣才能夠實現毫無壓力的收納？

物品	常見的壓力	沒有壓力的收納方法
調味料	 ①容器的下部因為沾上了調味料的汁液而斑駁不堪	抽屜的底板使用有防水功能的塑膠合板（或者貼上美耐皿）。 如果抽屜底板是椴木複合板等材質，可以在底部鋪上不銹鋼托盤。 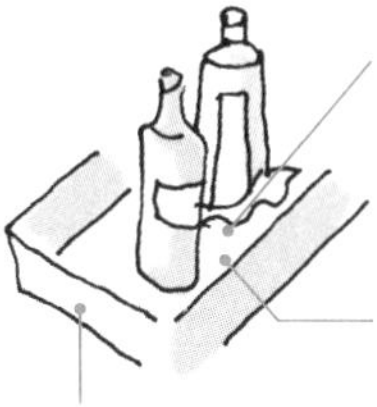 選擇抽屜式收納櫃更方便取出放在內側的物品。
食物	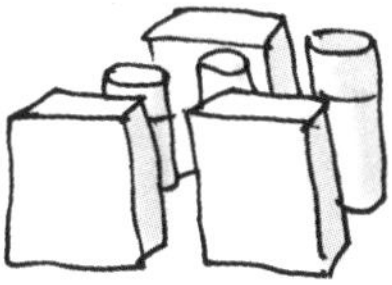 ①買回來新的食物後，才發現以前購買的東西還在裡面。 ②當發現的時候，往往已經過期了。	為了能夠對所有的收納物品一目了然，在收納櫃的最裡面擺上一個淺架子（150mm左右）。 如果是安裝了門的收納架子，那麼隔板的橫截面就不要進行任何裝飾。  如果是收納重量很輕的物品的收納架，而且收納架的寬度比較狹窄，那麼架子的隔板就不需要使用木芯板，只要用一張複合板就足夠了。
棉被（容易受潮的物品）	 ①客用棉被都長毛發黴了	先在壁櫥裡放上格子板狀的吸水性材料（桐木），然後再把棉被放在上面。 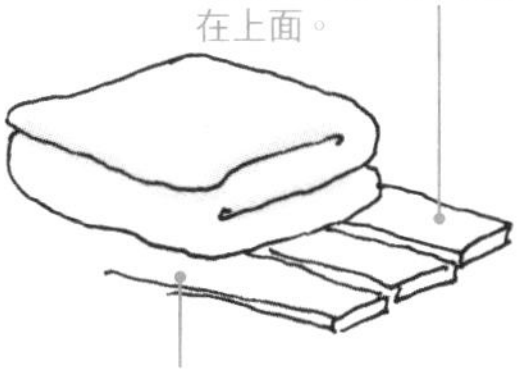 定期打開壁櫥為其通風，讓新鮮空氣多進入抽屜（可以用電風扇）。
鞋子	 ①放在鞋櫃裡的鞋子上長滿了黴菌 ②鞋櫃的隔板髒汙	剛脫下來的鞋子要放在土間進行乾燥後再放進鞋櫃裡（絕對不能把潮濕的鞋子直接進行收納）。  如果是有門的鞋櫃，其隔板用椴木複合板就行（橫斷面不需要進行包裝）。如果不喜歡隔板一直那麼髒兮兮的，就可以用塑膠板來做鞋櫃的隔板，這樣就能定期進行擦拭了，而且沾水也不怕。

收納架是固定式的好還是可移動式的好

固定式和可移動式收納架各自的優點和缺點

質實剛健「堅不可摧」型收納架的優缺點（固定式架子）

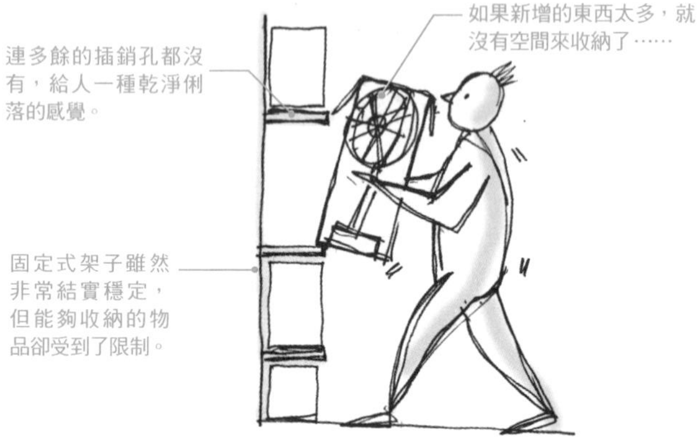
連多餘的插銷孔都沒有，給人一種乾淨俐落的感覺。
如果新增的東西太多，就沒有空間來收納了……
固定式架子雖然非常結實穩定，但能夠收納的物品卻受到了限制。

如同女人心和秋季天空型收納架的優缺點　（可移動式架子）

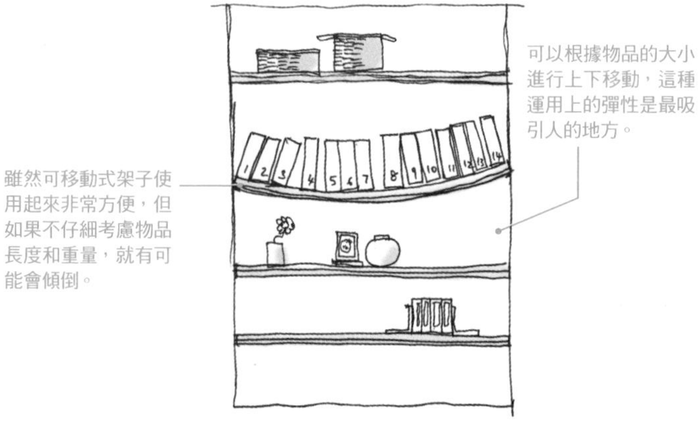
可以根據物品的大小進行上下移動，這種運用上的彈性是最吸引人的地方。
雖然可移動式架子使用起來非常方便，但如果不仔細考慮物品長度和重量，就有可能會傾倒。

收納架到底是固定式的好呢，還是可移動式的好呢？恐怕很多人正因此而煩惱不已吧。因為可移動式收納架可以自由改變存放位置，所以乍看之下好像這樣的收納架更加便於使用，但實際上一旦架子上擺滿了物品，之後就幾乎不會去移動了。

固定式收納架的位置不能隨便進行改變，而且能夠放的東西也會受到限制。雖然如此，但固定式收納架也有其吸引人的地方，例如有的設計師會讓架子和牆體的設計更具一體感，給人一種美妙的整體感。

可移動式收納架和固定式收納架各有自己的優點和缺點，大家可以根據自己的實際情況選擇適合自己的收納架。

收納架的安裝方法

看不出來「固定處」的固定式收納架

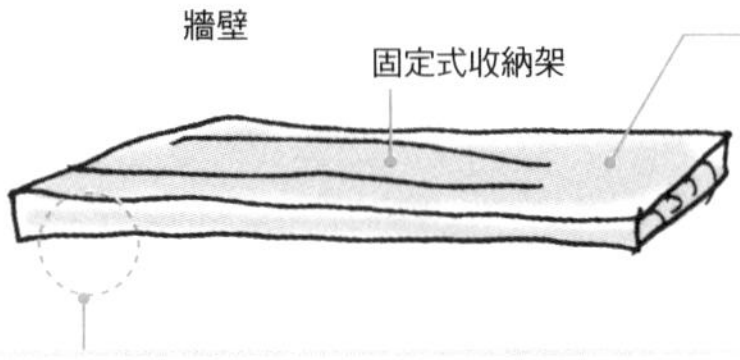
牆壁
固定式收納架

這種固定式收納架的板子是從牆壁中延伸出來的。多數情況下固定的配件很難被發現。

三角支架
L型支架

為了從下方把架子支撐起來，有時候也會用到三角支架。如果用L型支架代替三角支架，那麼就能夠隱藏在牆壁中，整體上看起來會更加美觀。

實際上很多情況下收納架的隔板都插在牆體中，同時安裝有很多橫木。橫木和柱子等構造體緊密結合在一起。

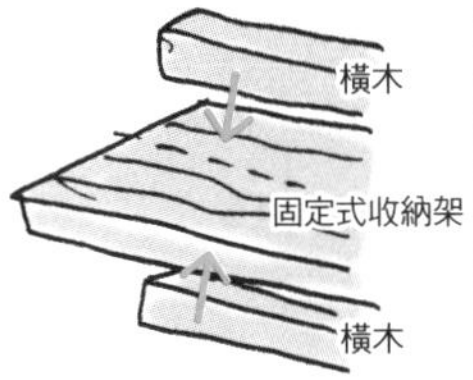
橫木
固定式收納架
橫木

能夠看出「可移動」的可移動式收納架

那種用繩子等物品吊起來的可移動式收納架，就算沒有牆壁依靠也能夠製作完成。但這種設計有時也會衍生額外的麻煩。

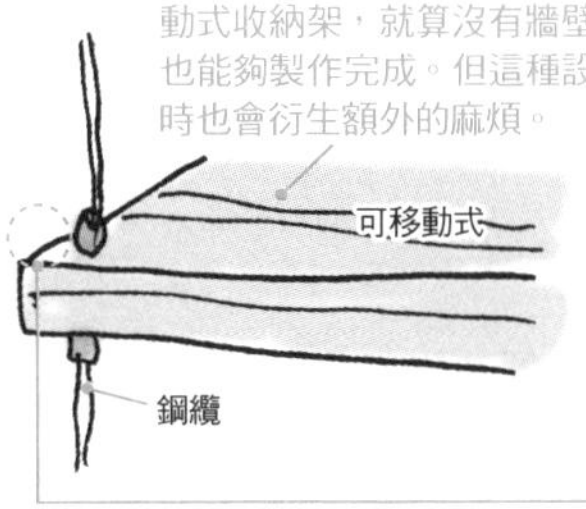
可移動式
鋼纜

如果架子的兩端有牆壁，就可以把架子支柱埋進牆體裡，然後經由上下移動L型支架來決定架子的具體位置（如果有插銷孔，就可以移動金屬插銷）。隔板就放在L型支架上面。

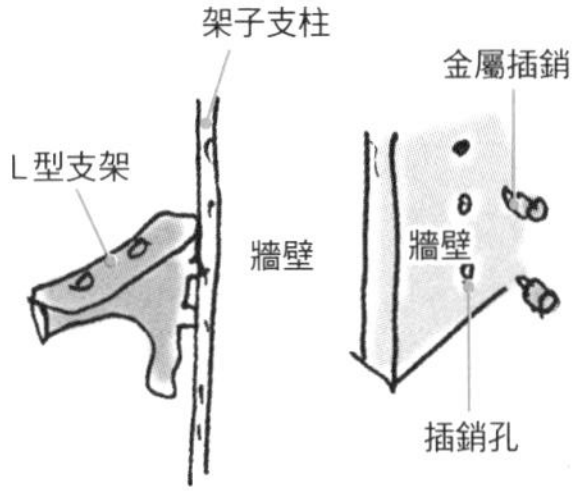
架子支柱
金屬插銷
L型支架
牆壁
牆壁
插銷孔

隔板中也有很多秘密

木芯板（lumber core）

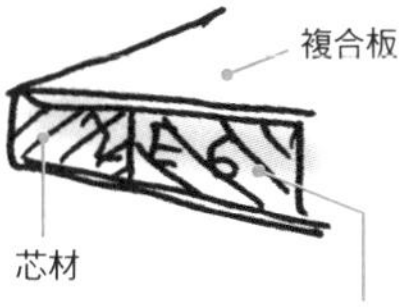
複合板
芯材

如果收納的物品重量很重，那麼flush板就不符合要求。

無垢板材

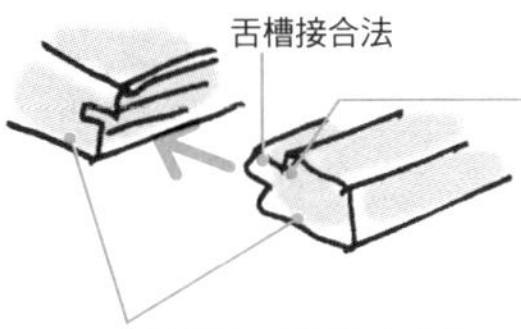
舌槽接合法

如果要鋪設面積較大的無垢板材，因為會有熱脹冷縮現象，要結合幾片板材拼湊使用。

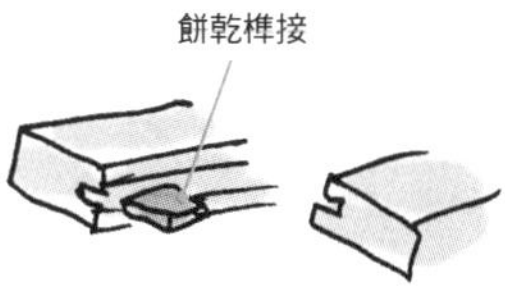
餅乾榫接

板材的接合方法除了舌槽接合外，還有方栓接合和餅乾榫接。

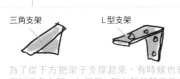

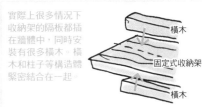

僅僅改變一下門就能大大增進使用上的便利性

收納櫃的門有這麼多種類呢

外開門

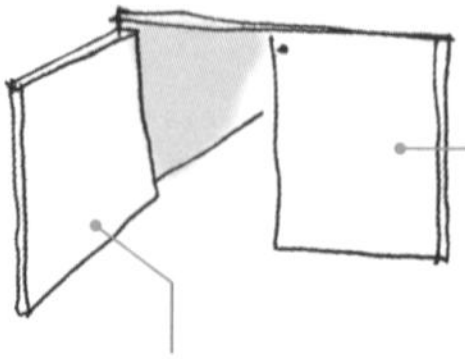

無論是單開門還是雙開門，收納櫃內部都能夠一覽無餘。但如果空間相對狹小，門就可能會成為通行的障礙。

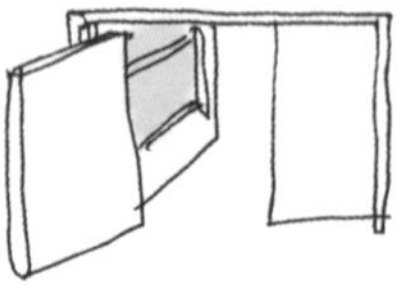

打開的門能夠摺疊起來的垂直收納門雖然能夠節約空間，避免打開的門造成阻礙，但卻縮小了收納空間。

上開門

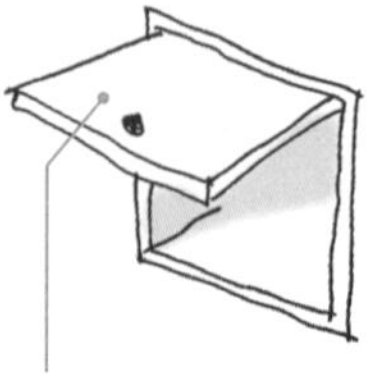

這種門常用於掛在牆上的吊櫃中。類似的還有一種水平收納門（翻轉門），打開之後能夠慢慢地滑向櫃子的內側。

拉門

牆壁上需要有足夠的空間安裝拉門的軌道。

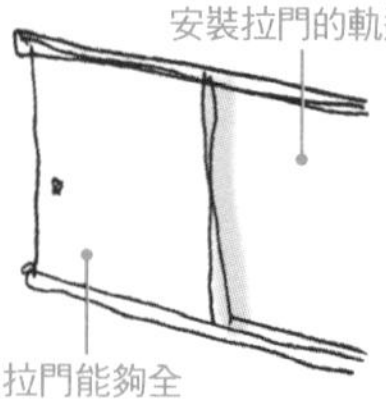

單扇拉門能夠全開。

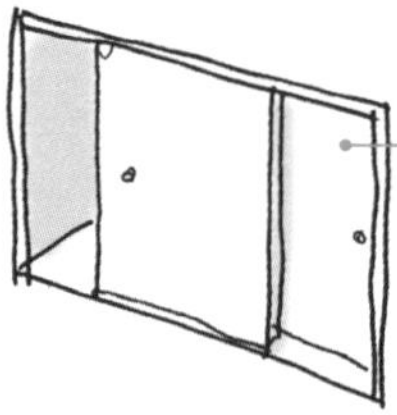

雙扇拉門就算打開也不可能對櫃子的內部一覽無遺，但它的優點是不會佔用櫃子以外的空間。

摺疊門

跟外開門相比，摺疊門不會成為障礙。

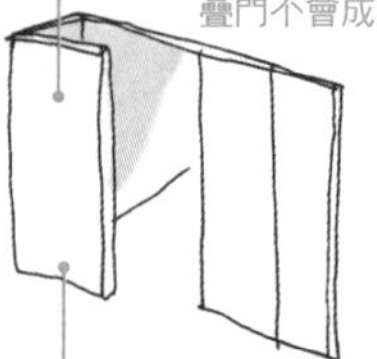

只要左右滑動摺疊門，就能夠很容易的把收納櫃最裡面的物品取出來了。

抽屜門

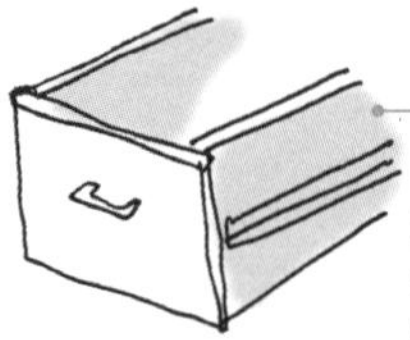

滑動軌道的種類不同，能夠拉出的距離也就不同。如果儲存的物品容易破碎，那麼最好選擇具備緩慢開關功能的軌道。

說起收納櫃的門，大家腦海裡浮現出來的應該是雙開門。因為能夠完全打開，所以雙開門的收納櫃裡儲存的物品能夠一目了然。雖然有這個優點，但如果附近的走廊等空間太過狹窄，那麼櫃子門打開之後就會妨礙通行。所以最佳的開門方式應該是要和收納櫃所處的空間互相匹配。

在現實生活中不安裝門的收納櫃才是最好用的。特別是收納每天都要使用的物品，沒有門的話不僅便於放入和取出，還有利於濕氣的散發，選用開放式收納櫃是比較合適的。對所收納的物品能一覽無餘到底是優點還是缺點暫且不論，但是對房間本身就是收納空間的鞋櫃間或衣帽間來說，開放式的設計是必要的。

封閉式收納櫃的優點和缺點

優點

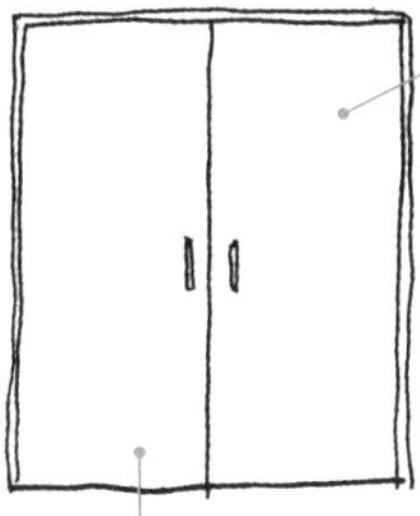
灰塵不容易入侵
因為看不到內部的東西，所以顯得美觀大方。

缺點

如果空間狹窄，打開的門會成為障礙。
容易忘掉內部存放的物品
不拿出來就無法使用的家電，往往就這麼被閒置不用了。

每天都要使用的物品最好一眼就能夠看見

放置烹飪工具的場所

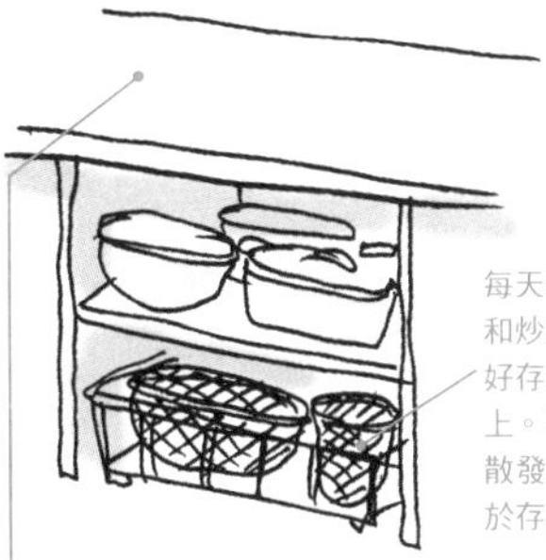
每天都要用到的篩網和炒鍋等烹飪工具最好存放在開放式架子上。不但能夠讓水氣散發出去，還能夠便於存放和取出。

組裝式烹飪家電最好不要分拆存放。否則要使用時就會嫌麻煩了。

便利型烹飪家電最好擺放在廚房櫃檯上。想使用只需要打開開關就行。

水槽或者洗臉台的下方保持開放狀態

如果把排水的管道部分用門隱藏起來，就會很難發現漏水情況，因此保持開放狀態非常重要。
把垃圾桶放在廚房櫃檯或者開放式收納架的下面，這樣就能夠將其隱藏起來了。

衣架

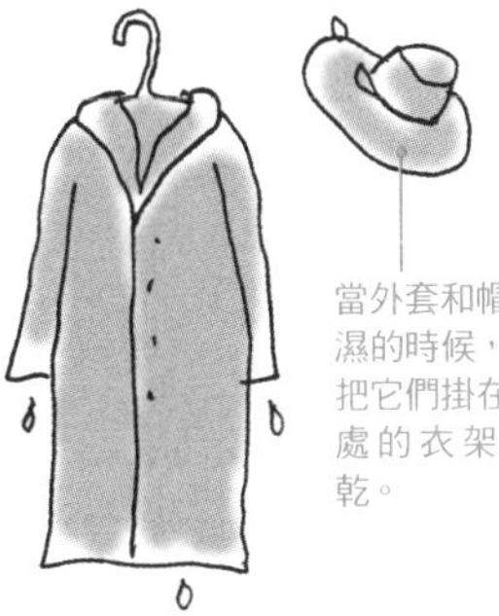
當外套和帽子弄濕的時候，可以把它們掛在玄關處的衣架上晾乾。

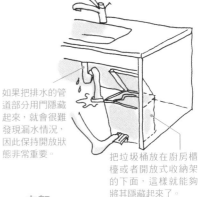

量身訂製的收納空間也會存在盲點

測量出需要收納的物品尺寸，然後根據該尺寸選擇合適的場所，從而訂製出獨一無二的收納櫃。像牆面收納櫃這樣，能夠把需要存放的物品收納到大小適宜的空間裡，看起來就讓人心情舒暢。

話雖然這麼說，但有時候訂製也會有其負面效果，那就是缺乏靈活性。特別需要注意的就是那些兼作家電放置場所的收納空間。像電視機等家用電器隨時會更新換代，其大小尺寸也同樣會發生變化。因此有的時候真需要有一定的心理準備，那就是「堅持再看一段時間」這款舊電視吧。

在訂做家具和收納櫃的時候，應該考慮多少留出一些備用空間才好。

具有智慧收納功能的牆面收納櫃

從正面觀察

固定在整面牆壁上的家具收納櫃。
把兩扇門分別向左右拉開就能看電視了。
電視櫃的大小是根據現有的電視尺寸確定的，所以將來有一天可能會用不上……

從上面觀察

牆面收納櫃（以150mm為模組，根據房屋的實際情況訂製而成的獨特家具）是從德國引進的家具設計生產品牌interlübke製品，目前在日本也已經受到了廣泛歡迎。

考慮清楚在什麼地方存放什麼物品後再製作家具

把冰箱與功能性收納櫃分開。
流理台水槽後面的懸掛式壁櫥用來存放平日用的餐具。
把家庭聚會用的高腳杯等數量很多的器具，以及那些尺寸很小的餐具擺放在這裡。
調味料架
流理台水槽的下面放垃圾桶。
抽屜裡存放勺子和刀叉等用具。
炒鍋、製作點心的器具、以及大盤子等重量或體積大的物品存放在下面的外開門收納空間內。
因為烹飪家電收納櫃的上開門是水平收納式，所以開關都很方便。另外，插座也要準備齊全。
因為電鍋會散發熱氣，所以要把它存放在易於熱氣散發的空間裡。
保鮮膜等存貨放進抽屜。

只要關閉外開門、上開門或者抽屜門，收納櫃看起來就像是雪白的牆壁一樣。從餐桌角度看過去也顯得非常整潔美觀。

要注意大小剛剛好的尺寸

訂做家具＋家電

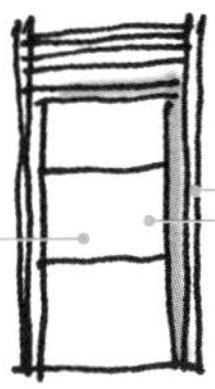
上下左右都要留出一定的備用空間

特別注意家電的尺寸和容量會發生變化。如果是完全按照此時的尺寸和容量來訂製，那麼將來有可能會發生不符合實際需求的情況。

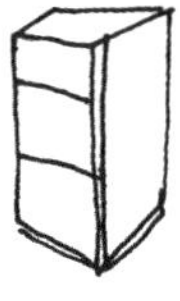

給電冰箱在廚房的牆面收納櫃裡預留一個專門的空間。

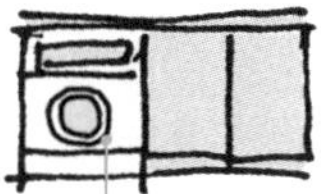

把洗衣機安裝在廚房櫃檯的下面。

CD等收納架＋20mm

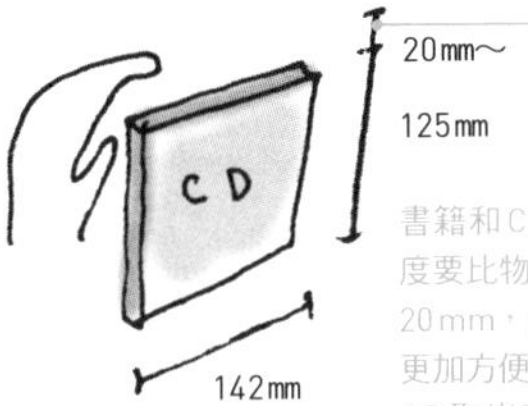
CD
20mm～
125mm
142mm

書籍和CD收納架的高度要比物品的長度高出20mm，這是為了能夠更加方便的把書籍或者CD取出來放進去。這一點需要特別注意。

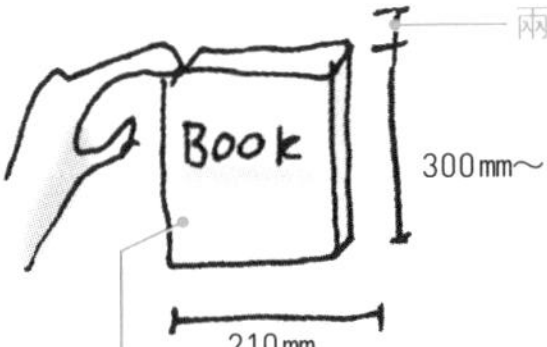
BOOK
兩指寬
300mm～
210mm

新書的尺寸大約是長175mm，寬115mm，文庫本的尺寸大約是長152mm，寬101mm。提前瞭解這些物品的標準尺寸能夠讓收納更便利。

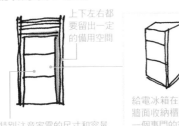

不願意讓它們拋頭露面的機器設備

暴露在外面很不雅觀

礙眼的機器們

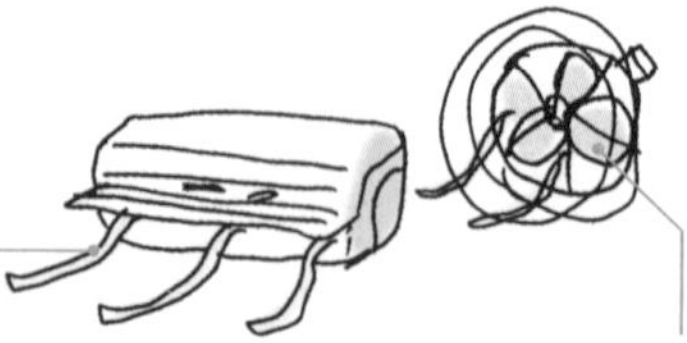

在以前，中式餐館的空調出風口經常會掛著很多絲帶，其目的是為了給人們一種清涼的感覺。

家電就這樣直接的暴露在視野內一點都不好看。

淩亂不堪的配線

桌子上的東西亂七八糟，桌子後面全都是灰塵。

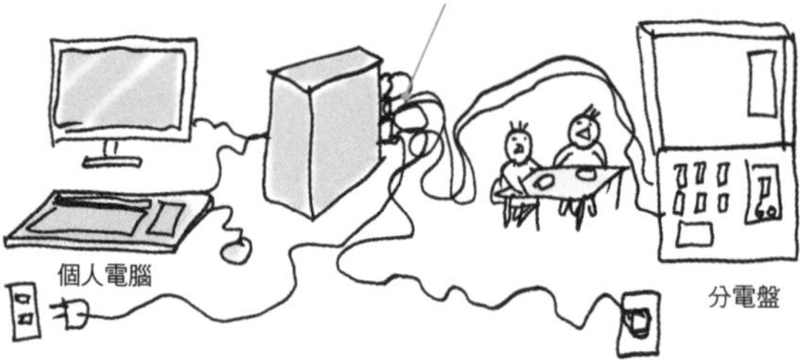

大量的開關座

開關座一般都直接裸露在外面，而且什麼地方都可能會出現。所以在確定其位置和高度的時候，應該多花些心思考慮周全才好。

對講機和分電盤等機器設備其實出人意料的顯眼。對於這些機器設備，我們只需要將它們的一部分嵌入牆壁內，儘量減少裸露在外面的部分，就能發揮很好的收納效果。把它們覆蓋住，或者把它們安裝進牆壁或者家具內，就能夠把那些零零碎碎的設備機器「隱藏」起來。高品質的空間裡，把一些物品隱藏起來是非常有必要的，當然前提是要確保這些物品能正常發揮功能。

把一些機器設備隱藏起來的工作其實不少，而且隨時都可以開始。例如連接在個人電腦上的各種線路都堆積在電腦桌上，嘗試規劃一下配線路徑吧！做完了這些工作之後，整個房間會出人意料的整潔乾淨呢。

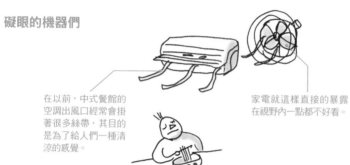

把設備收納起來，讓它們「看不見了」

空調

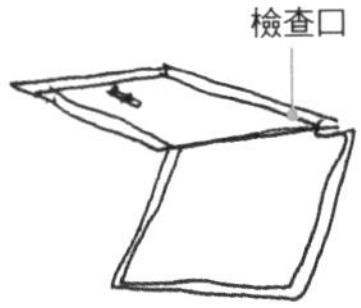

有些產品在設計的時候就是以能夠嵌入牆壁或者天花板為前提條件的。如果家裡購買的空調就是嵌入天花板類產品，就得在天花板上設置一個用來維修保養的檢查口。

如果將來的空調尺寸發生很大變化，這種收納空間就會因沒法進行更改而很棘手，如果從這個因素考慮，就不建議這樣設置。

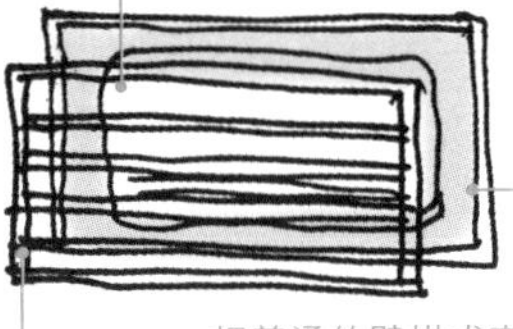

把普通的壁掛式空調安裝在牆壁的凹槽裡，然後外面用格子板覆蓋住的話，則可能引起短路（short circuit）。

用木質格子板等覆蓋住，空調就不會那麼顯眼了。

如果不需要開得太大，就得下功夫讓空調上下的空氣能夠流通起來。

個人電腦周圍的配線

如果是有線連接，那麼配線從分電盤分出來之後可以用CD管（配電導管）來固定。這樣做的好處是之後也能改變配線。

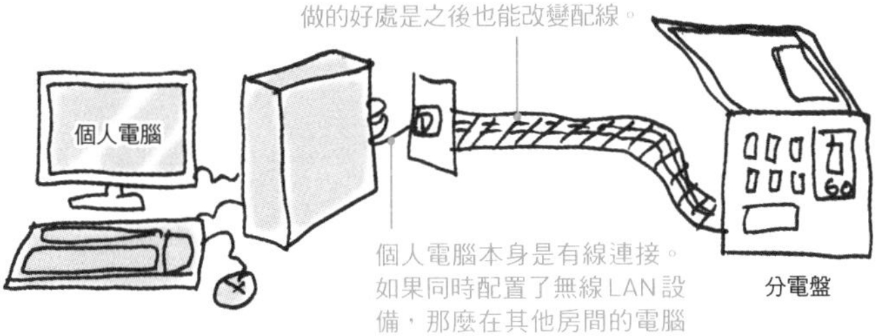

個人電腦本身是有線連接。如果同時配置了無線LAN設備，那麼在其他房間的電腦也能夠連接網路，非常方便。

對講機

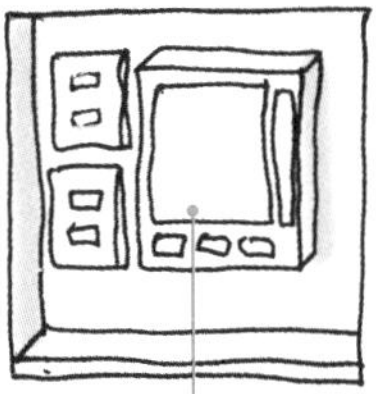

在走廊等位置裸露在外面的對講機和電源開關等物品，只需要將其嵌入牆壁內2-3公分，就不再那麼顯眼了。

插座・開關

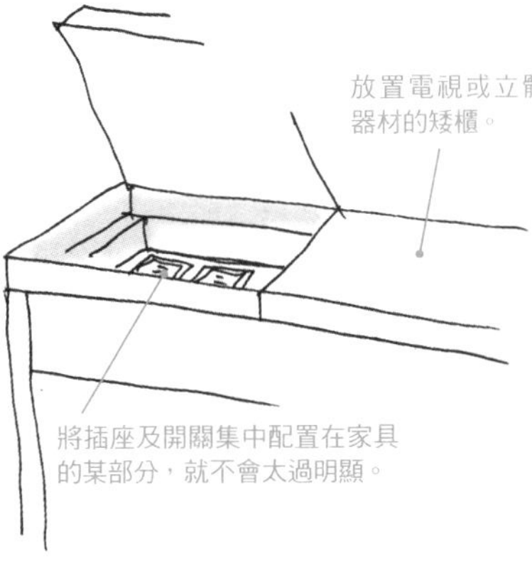

放置電視或立體聲響器材的矮櫃。

將插座及開關集中配置在家具的某部分，就不會太過明顯。

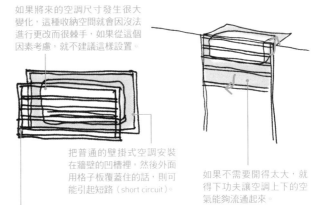

訂製收納櫃可以DIY？

由誰來製作導致價格和強度各不相同的訂製家具

自己就能完成的工程

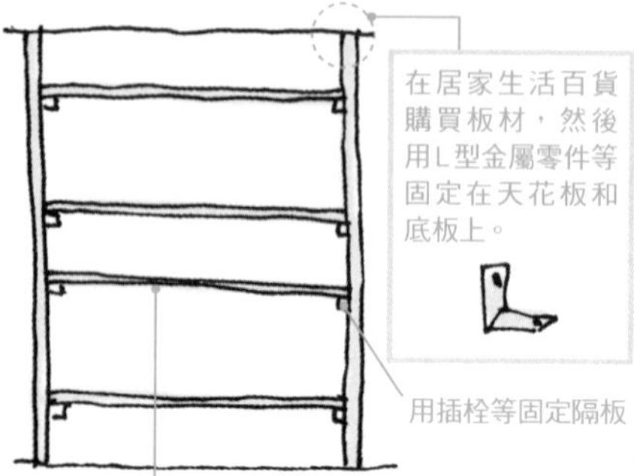
在居家生活百貨購買板材，然後用L型金屬零件等固定在天花板和底板上。
用插栓等固定隔板
訂製收納櫃還是DIY最便宜實惠。

木匠工程

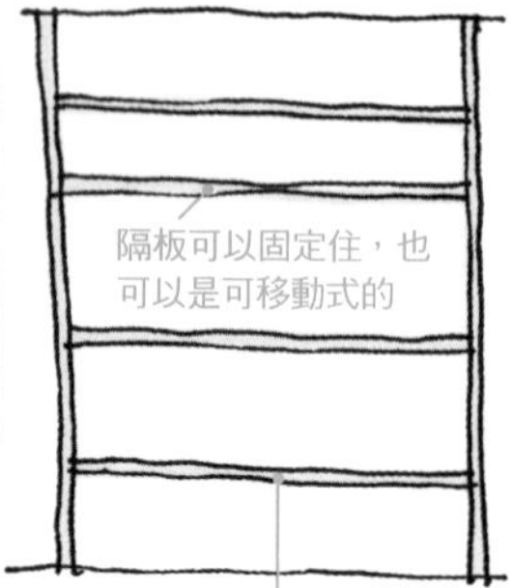
隔板可以固定住，也可以是可移動式的
木匠現場製作。可把五金零件都隱藏起來。這是第二經濟實惠的選擇。

木匠工程（箱體）＋配件工程（門）

需要木匠和門窗安裝人員協同工作來完成。木匠在現場製作完成收納用的「箱體」，門窗安裝人員會現場安裝「櫃子門」。

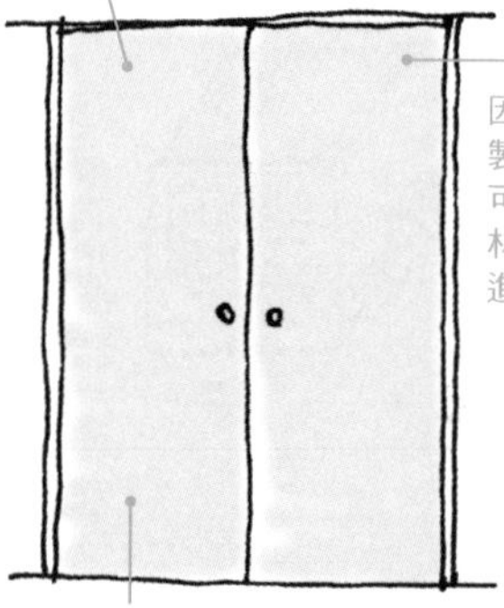
因為門是在工廠製作完成的，也可能使用玻璃等材質。因此需要進行現場安裝。
如果收納家具和門的高度控制在1800mm以內，成品的價格會最便宜。

家具工程

把在工廠製作完成、尺寸精準的家具搬運到現場後再進行安裝，與牆壁或者地板相當吻合。但價格也最高。

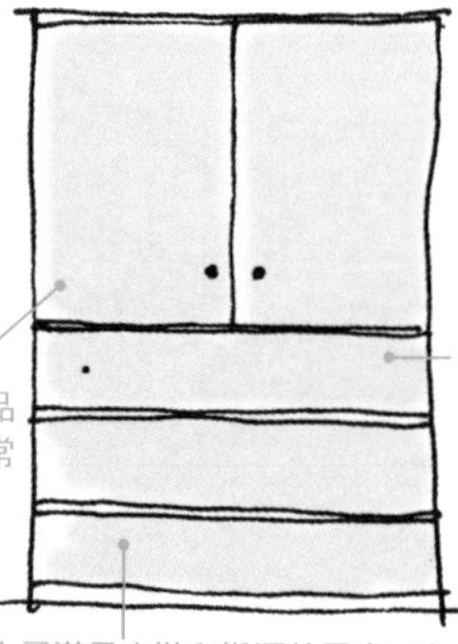
面材等成品的種類非常豐富。
無論是使用抽屜還是使用特殊家具五金的收納櫃，全部都能夠完美搭配。
為了滿足安裝和搬運的需求，有必要把大型家具分割開來。

訂製的家具和收納櫃與成品不同，無論是尺寸還是樣式都能夠自由選擇。雖然如此，但是跟購買成品相比，訂製的工程花費要高出不少。訂製的家具和收納櫃經過家具職人的妙手加工後，無論精細度還是美觀度都非常高。如果是請木匠製作，價格會便宜一些，但畢竟一分錢一分貨，能夠選擇使用的材料和款式都會少很多。

有的人會選擇自己動手製作開放式架子這類物品。需要用到的材料和工具能夠在居家生活百貨購買齊全，非常簡單方便。還可以用成品整理箱或者盒子來充當抽屜，不僅價格實惠，做出來的收納櫃也很便於使用。

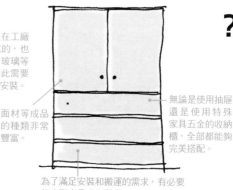

自己動手製作簡單方便的收納櫃吧

具體的思考非常重要

可移動式還是固定式？

是否把地板空間也當做收納處利用？

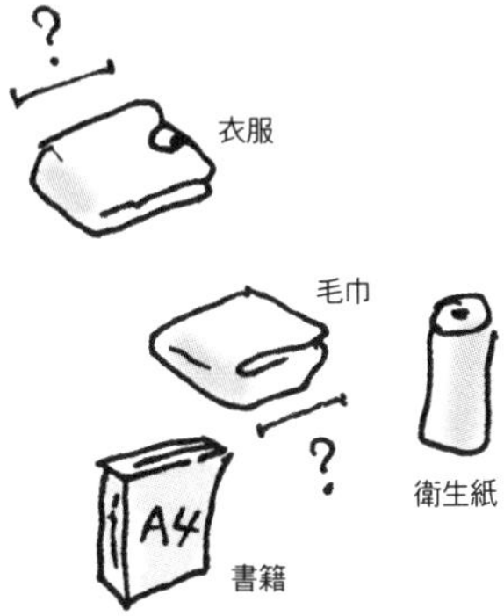

要認真思考怎麼收納才能夠提高效率。收納的物品不同、擺放方法不同、摺疊方法不同，都會讓收納櫃尺寸有所變化。認真思考高效率的收納方法，然後決定收納櫃的每一個細節。

在開放式收納櫃裡安裝抽屜

因為自己製作抽屜很複雜困難，所以可以直接使用整理箱和盒子等成品。

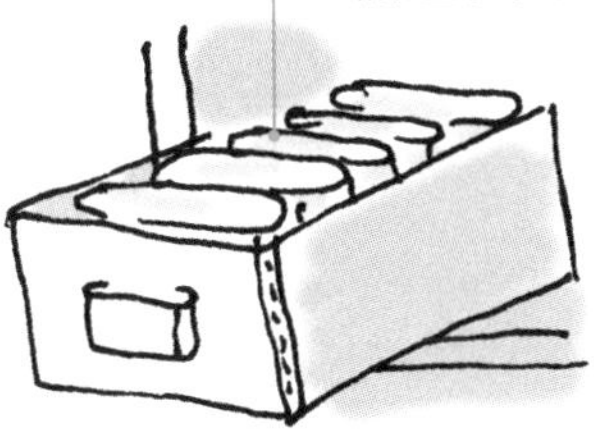

內部可用空箱空盒當作隔間。

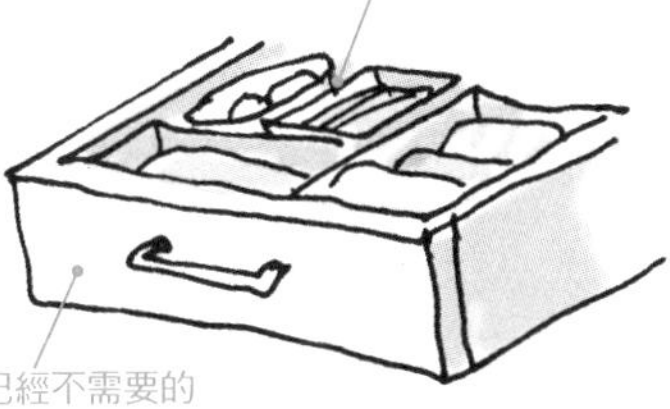

利用已經不需要的櫃子抽屜。

用包袱包裝起來

無論什麼東西都能夠進行包裝，這是日本文化中的精華部分。要想美觀大方地收納一些物品，包袱布無疑是重要的寶貝。雖然能夠遮蔽灰塵，但取出存放相對麻煩，所以不適用於收納日常生活中經常用到的物品。

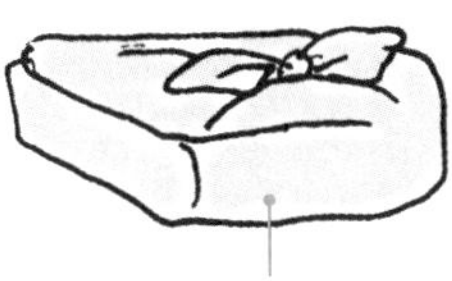

包裝四角形的箱子

包裝長形物品

華麗風格的包裝

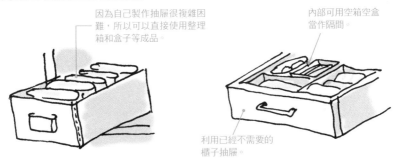

活用現有的家具

雖然能夠使用，但卻不喜歡的家具

父母親贈送的桐木櫃子等家具。
雖然抽屜和隔間相當方便，但顏色、材質、樹種都不大滿意的櫃子，可以一起收進有門的儲藏空間。

在把現有的櫃子進行匯整並制定收納規劃（安排櫃子的存放場所）的時候，一定要注意測量好尺寸。

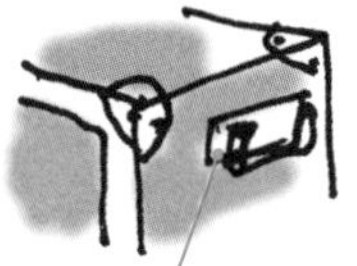
要把側面的金屬五金等零件也計算在內。

家裡的櫃子跟房間的整體裝修風格不搭配，這是很多人都有的煩惱。如果恰好有新建房屋或者擴建房屋的打算，就可以專門建設一個儲藏室之類的空間，把這些櫃子全部存放到裡面去。如果不在房間裡出現，那麼我們對設計的要求也就不那麼苛刻了，也就是所謂的「眼不見心不煩」吧。如果功能上還能夠滿足我們的需求，直接扔掉實在有點可惜。如果專門訂做類似的抽屜收納櫃，價格可是高得嚇人。所以還是稍微用點巧思，繼續使用比較好。

另外，還可以把本來不具有收納功能的物品當做收納家具來使用。像火盆、梯子等物品，都可以成為室內裝飾的一部分。這就需要充分發揮自己的想像力。

改變用途後反而具有了裝飾效果

把火盆改造成收納桌

把火盆的上面蓋上一層玻璃板，將其改造成桌子，立刻變成非常時尚的收納桌。

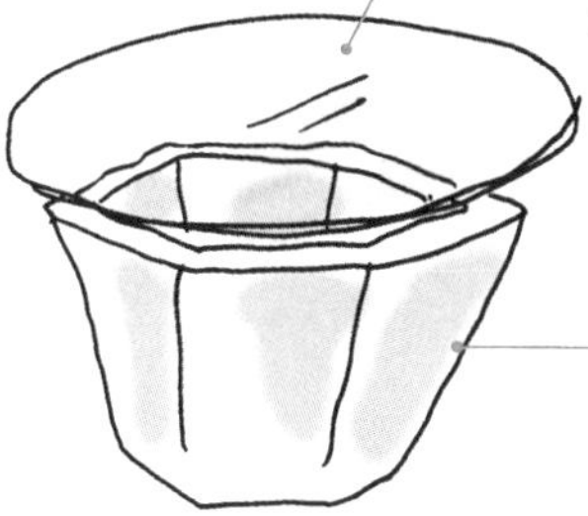

還可以在裡面放上觀賞植物和照明設備，或者在裡面注入水來養金魚，等等。

把日式櫃子改造成餐具架

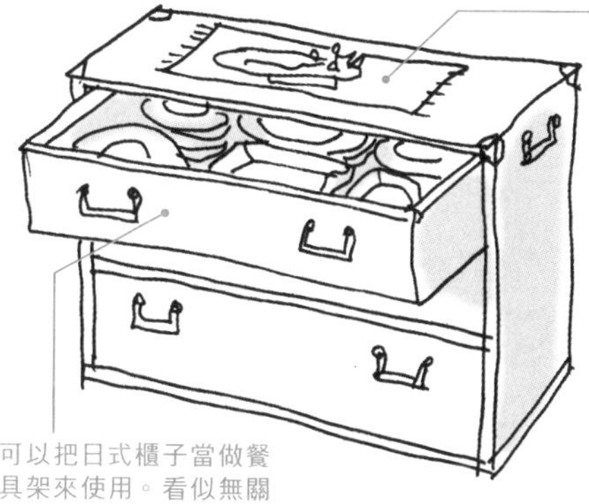

可以把日式櫃子當做餐具架來使用。看似無關的物品出乎意料地變成兼具裝飾效果的收納櫃。

把月桂樹的葉子等植物放進籃子裡，然後使其乾燥，之後可以把它當做裝飾品使用。不僅實用，還兼具室內裝飾的效果。

把梯子改造成日用品架子

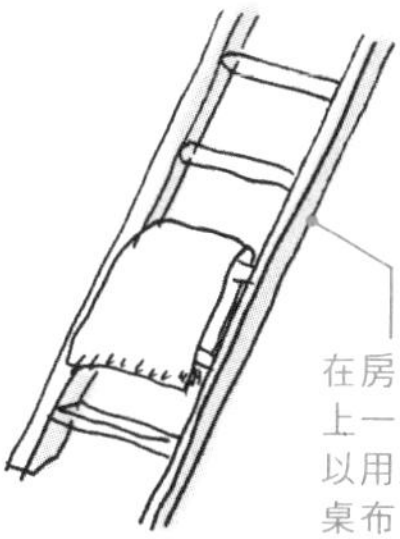

在房間的一個角落放上一個木質梯子，可以用來晾乾或者懸掛桌布、毛巾等日用紡織品，就像一幅自然的生活景緻一樣。

靈活運用多種小件物品

可以把形狀美觀的空瓶子當做花瓶或者烹飪工具來使用。

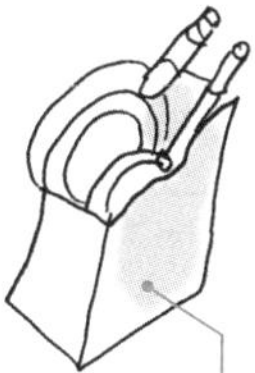

在視線不易接觸的流理台水槽下方放一個A4檔案箱（塑膠材質），用來存放平底鍋。

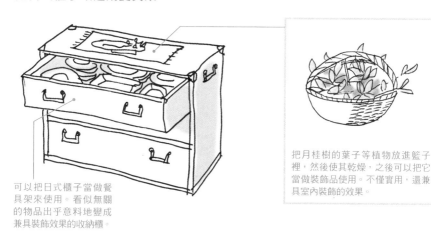

稍微花點巧思就能把現成品改造成漂亮的家具

改造成自己喜歡的家具

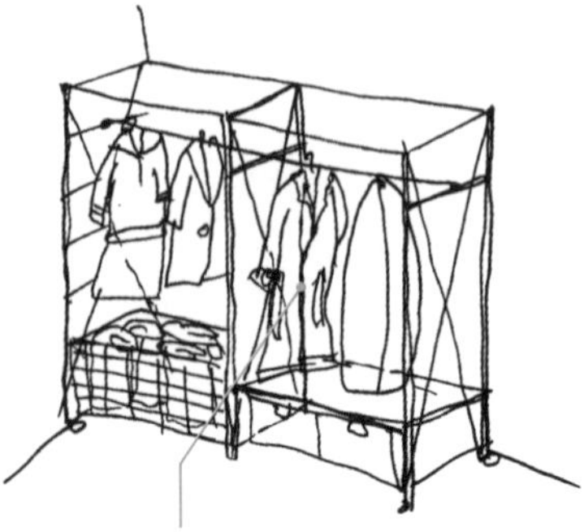

內部一覽無餘的組裝式衣櫥。內部物品顯得雜亂無章，給人一種沒有打理過的懶惰印象。

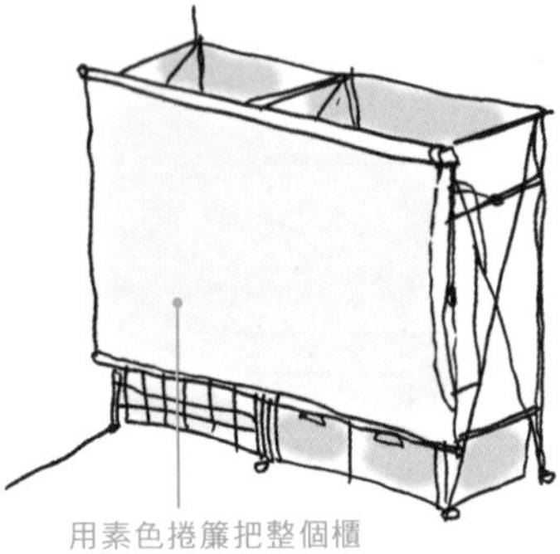

用素色捲簾把整個櫃子遮蔽起來。妙不可言！

抽屜可以是藤條材質的籃子，也可以是布料材質的箱子，能夠根據存放的物品選擇搭配的素材。

用塑膠箱子來存放內衣和睡衣。

把內部進行改造，然後當做盥洗室的家庭日用紡織品倉庫來使用。可以把現成的盒子或周圍貼了布料的紙箱子當做抽屜，看起來也非常美觀。

用現成的籃子當做洗衣籃。

乾淨整潔的電視櫃

現成的電視櫃容易變得淩亂不堪。通常是因為使用玻璃門，所以對內部的物品一覽無餘，不但電視櫃本身不好看，而且還破壞了客廳整體的美觀度。

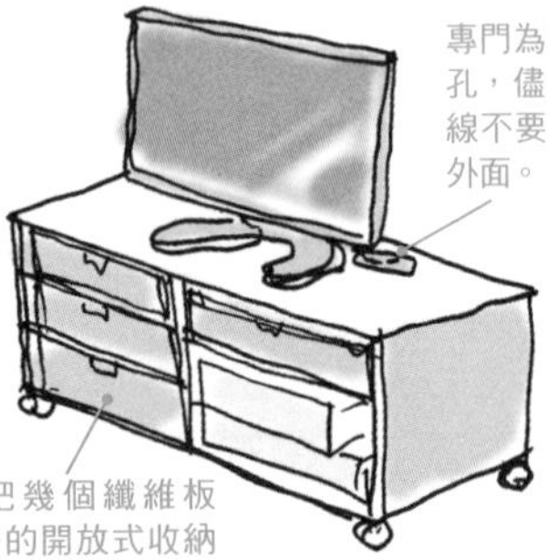

專門為配線打孔，儘量讓配線不要裸露在外面。

剛好能把幾個纖維板箱裝進去的開放式收納櫃，看起來相當美觀。

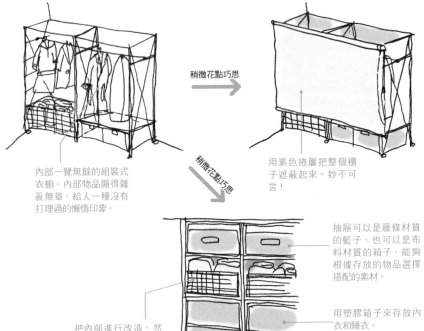

自己就能動手製作的收納家具

萬能的毛巾架子

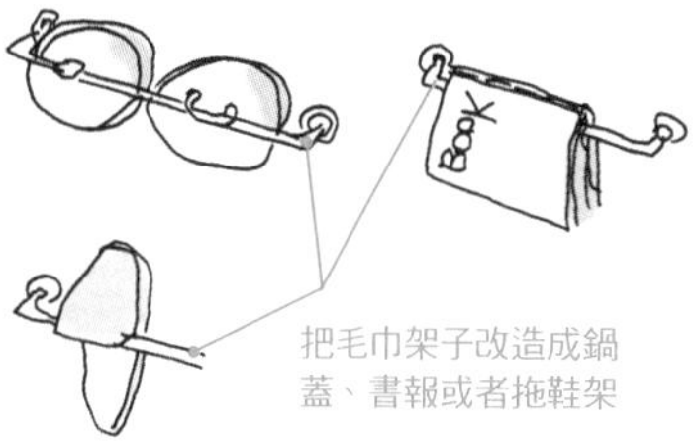
Book
把毛巾架子改造成鍋蓋、書報或者拖鞋架

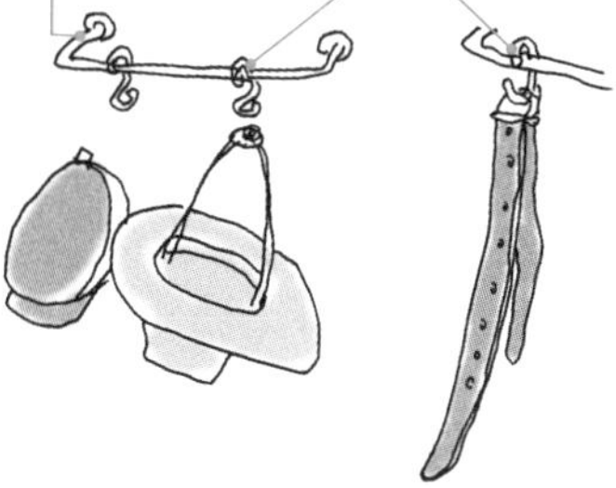
毛巾架子
掛上一個S型掛鉤，就能懸掛帽子和皮帶

2根伸縮桿組成簡易架子

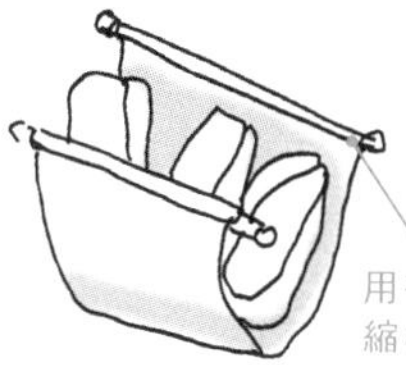
用布料和一組伸縮桿就能製作，非常簡單。

2根伸縮桿就能組成一個架子。然後套上裝紙尿褲或者裝衛生紙的袋子就行了。

準備些五金零件吧

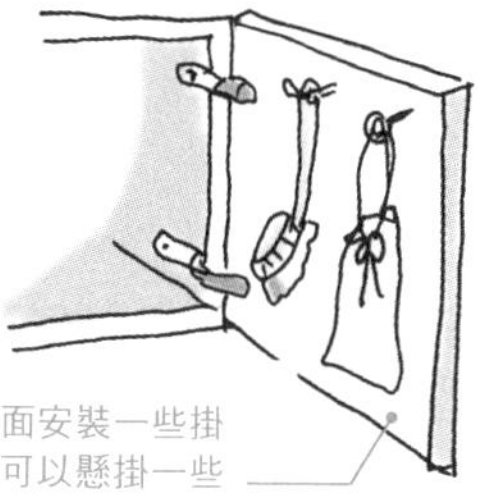
在門後面安裝一些掛鉤，就可以懸掛一些小物件。

隔間簡單就好

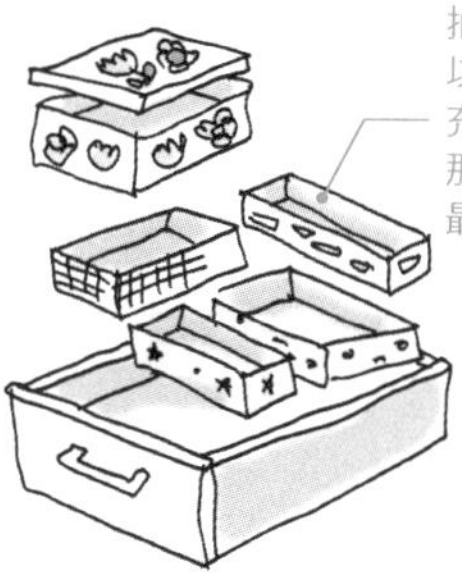
抽屜裡的隔間可以使用小物件來充當。就像拼圖那樣，儘量拼出最好看的模樣吧。

要想把家裡收拾得乾淨整潔，就必須把家裡數量眾多的雜物存放到某個地方去。為了達到收納的目的，我們當然可以選擇花高價購買專門從業人員設計製作的收納櫃，然而，購買現成家具總讓人覺得有點不夠盡興。

如果是這樣，那就改變思維方式，自己動手製作收納家具吧。只要對身邊的各式各樣的物品稍微進行改造，就能夠大幅擴大收納的範圍。

不要再依賴那些專家和現成家具了，讓我們自己動手創作，享受收納的過程吧。

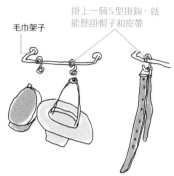

在使用便利性上稍微用點巧思

衛生紙為什麼那麼輕鬆就能抽出來呢？

抽出來一張後，下一張也緊跟著露了出來，這就是所謂的彈出結構。

並不是把紙張單純重疊在一起，而是在摺疊方法上下工夫後才發明出來的「簡單抽取法」。認真思考收納的簡便方法，不難發現其實在我們身邊就有很多類似的提示。

舉個例子，在存放毛巾的時候，如果按照順序從下向上擺放洗乾淨的毛巾，一旦用到新毛巾的時候，就知道平時使用的都是剛洗過的。這樣一來，最下面的那條毛巾是永遠都不會被用到的。有類似經驗的人應該很多吧。

其實並不是簡單地把物品收拾乾淨就萬事大吉了。在進行收納的過程中，還要考慮到平日在實際使用的過程中是否方便，並且在這方面花費心思才行。

集中收納物品來提高使用便利性

毛巾的收納要注意能讓毛巾都被用到

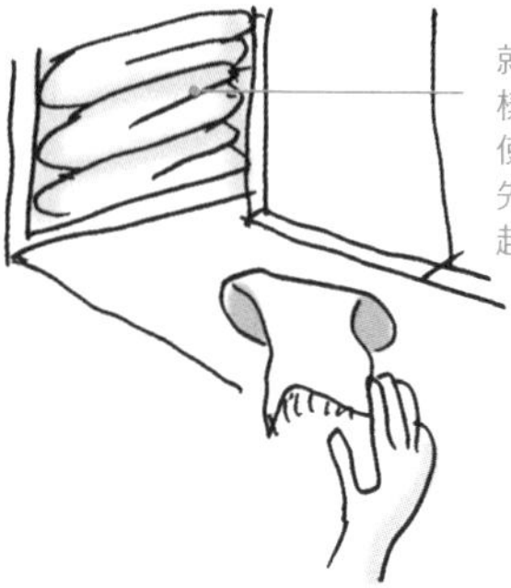

就像美容院的毛巾櫃那樣，從上面放入，從下面使用。按照順序首先使用先前清洗過的毛巾，使用起來非常方便。

如果是把毛巾擺放在架子上，應該把毛巾捲起來擺放。如果是從下向上堆積，就還是只會使用到剛洗過的毛巾了。

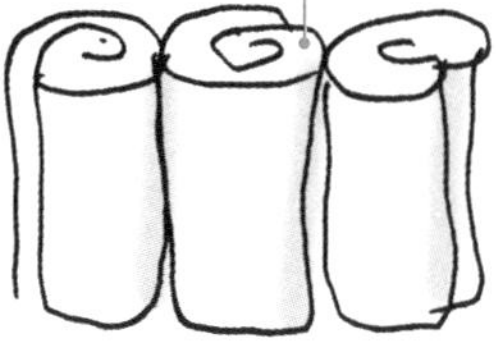

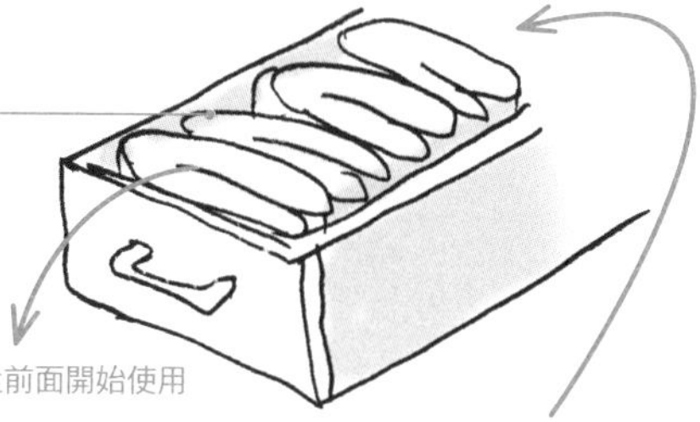
從前面開始使用
從最裡面放入

把毛巾存放在抽屜裡的情況。像毛巾這種跟協調無關的物品，可以從最裡面放入，從前面開始使用。這樣一來，每條毛巾的使用頻率會比較平均，品質也較能維持。

先使用舊物品的備品收納法

舊物品
（平躺著）
新物品
（站立著）

給備品制定一定的管理標準。對於哪個是新物品，哪個是舊物品，便能夠一目了然。

對於那些有保質期和使用期限的物品，如果存貨太多，就容易造成過期浪費的現象。為了平日能夠準確把握庫存，要縮小收納架子的寬度。

架子

2月10日 SUGAR
3月10日 SOLT
CAKE 9月
POWDER×2

如果沒有自信記住所有的東西，那就把它記在黑板、備忘錄或者白板上。

舊
垃圾
新

如果庫存用完了，才會再購買新的填充。庫存僅保持在一個，這也是整理收拾房間的基本常識。

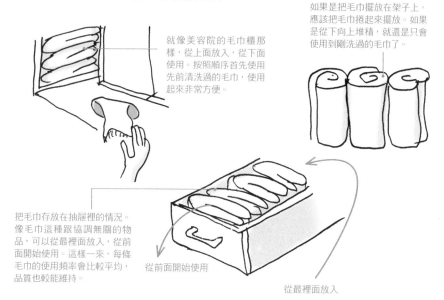

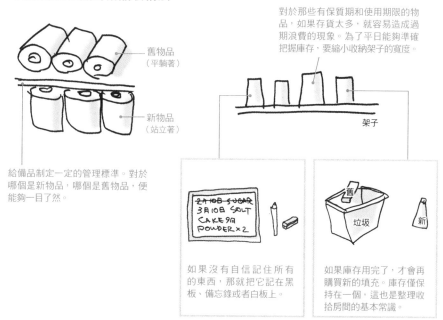

購買的時候就應該考慮好收納空間的問題

就算能妥善收納，如果用不上，也是毫無意義

如果購買的時候不考慮收納空間的問題，很有可能在東西買回家後才發現沒地方存放。

因為我們的居住空間是有限的，所以在購買一個物品的時候就需要先考慮好它的安裝位置或者收納場所。

從這個意義上來說，像俄羅斯套娃那樣嵌入式的收納法就非常具有吸引力。雖然很多產品從設計上來說非常有魅力，但也有人抱怨層層收納的物品很不容易取出，這的確也是事實。

特別是那些本身就很重的東西，收起來後容易讓人懶得再動它們，反而因此成了用不上的閒置物品，從這方面來看，選擇適合自己的物品非常重要。舉例來說，我認為收納烹飪工具的最佳選擇還是透明箱子。不但便宜實惠，而且還能夠嵌入、堆疊，使用方法可說是相當多樣。

選擇多功能物品來節約空間

容易收納的烹飪工具

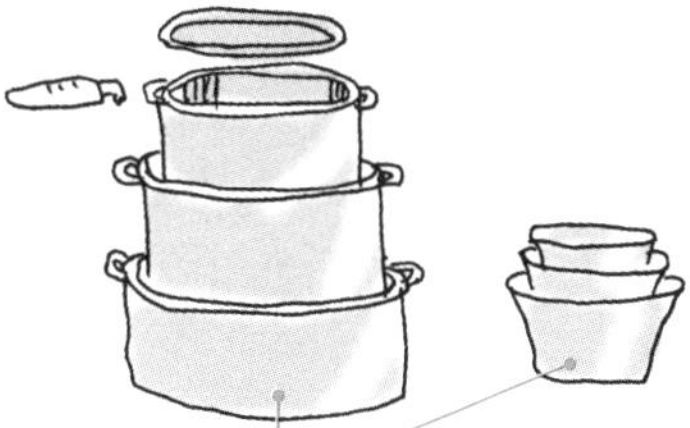

嵌入式鍋具能夠節約空間

另外購置一些配件的話，就能夠擴大這個物品的功能，可以額外增添第二、第三種機能。

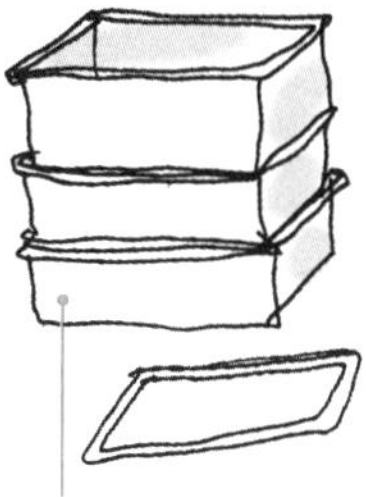

能夠堆積存放的容器也比較容易收納。像烹飪用具、餐具等小物件，數量一多也是相當可觀的。

能夠延展的桌子

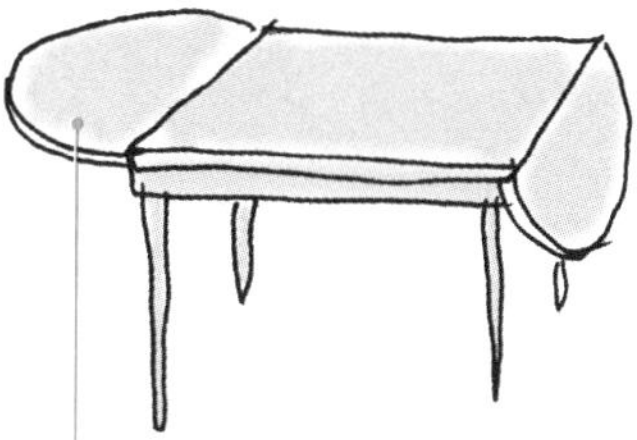

等人數多的時候再把摺疊部分打開，平時人少的時候就摺疊起來使用，非常節省空間。

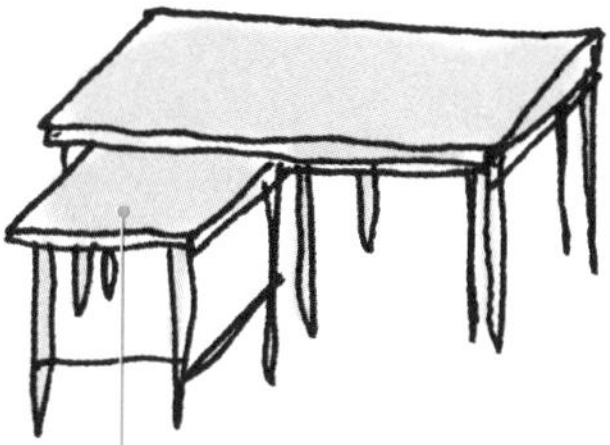

套桌使用起來也很方便，需要的時候就把小桌拉出來，不用的時候就把它存放到主桌下面。

能夠調整高度的桌子

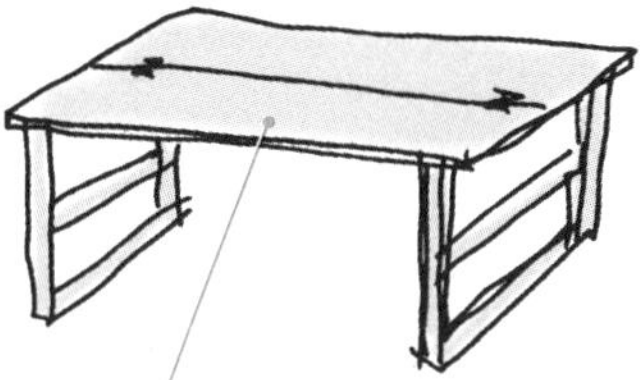

在餐廳裡當做餐桌使用的時候，就搭配椅子使用。

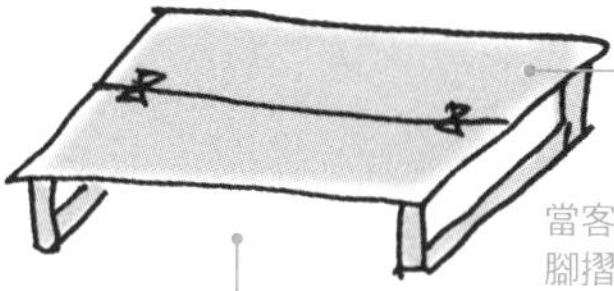

當客人造訪和室，就把桌腳摺疊起來搬到和室裡當做矮桌使用。這樣一來，平時和室裡就不需要擺放桌子，因此整個房間看起來非常清爽乾淨。

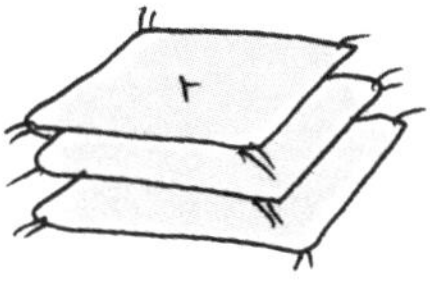

平時就把坐墊收進收納櫃裡，在使用矮桌的時候再取出來。因為坐墊能夠上下疊在一起存放，所以非常節約空間。

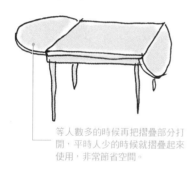

充分利用移動式收納空間

這個也算是移動式收納空間？

汽車可謂是大容量的收納櫃

喜歡戶外活動的人常常把汽車直接當成收納空間使用。這種人其實還不少呢。

全身上下扛著一堆行李的人

從某種意義上說，帶著行李的人也算是一種移動式收納櫃吧。

說起移動式收納，很多人都會想到送餐用的推車。因為下面安裝有輪子，所以移動起來非常簡單方便，而且也不會影響清潔工作的進行。不用的時候可以直接放到門後面，非常方便。

事實上，輪子並不是可移動式收納櫃的必備配件。裁縫用的綜合工具箱就是最好的例證。把跟某種工作相關的各種器具統一收到一個收納容器內，因為方便攜帶，在需要的時間場合立刻就能派上用場。跟訂做的收納櫃和重量很重的家具相比不但輕便，用起來也順手，真的是出乎意料地讓人滿意。這樣的移動式收納能夠讓我們的生活更加簡便。

便利的移動式收納

帶有輪子的推車

用於送餐，或者存放跟烹飪相關的物品。

無論在廚房還是餐桌旁都能夠大顯身手。

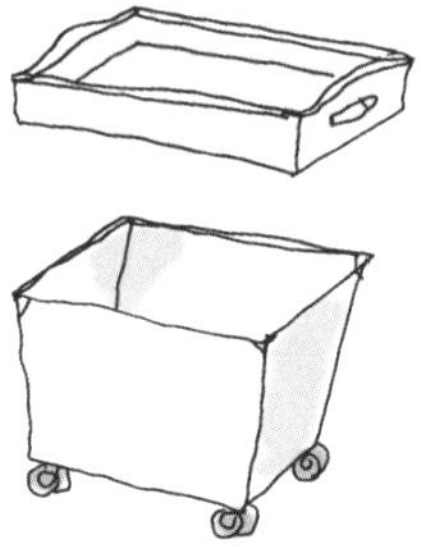

只要把托盤形狀的物品放在安裝了四個輪子的收納箱上，就做成了一個簡便的推車。

當作沙發旁邊的咖啡桌正合適，簡單方便。

可移動式衣架

放置在玄關附近，既可以用來晾乾被沾到花粉的衣服，也可以移動到室外使用，非常方便。

不僅可以懸掛衣服、帽子和圍巾等物品，還可以把洗乾淨後晾乾的衣服原封不動的運輸到存放場地。

就算沒有輪子也能夠移動的收納

如果能在身邊準備一個裁縫工具箱，無論何時何地都能想縫什麼就縫什麼了。

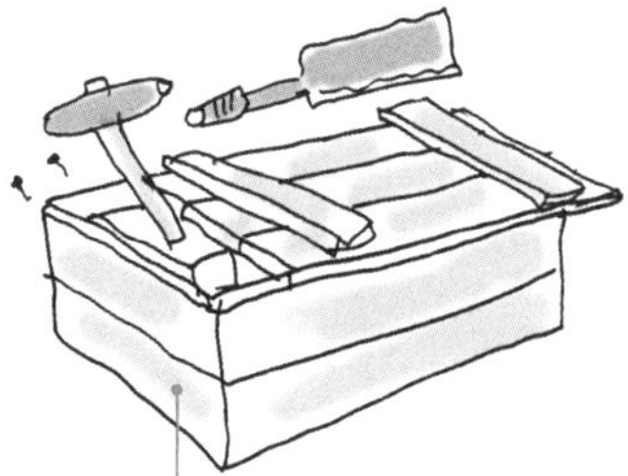

木匠的工具箱可說是從很久之前就已經存在的移動式收納箱。

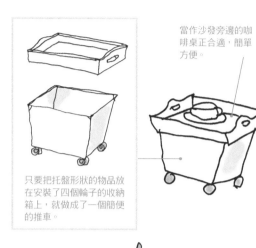

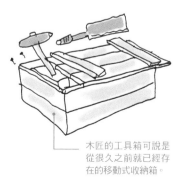

數量意外繁多的季節性用品必須妥善收好

日本人的感情非常豐富。這可能是因為日本是一個四季分明的國家的緣故。無論是洋裝還是家具家電，這些用品都需要根據季節的變化而變化。

收納季節性用品最好的收納空間就是日式住宅的壁櫥和閣樓。這些收納空間不僅有相當程度的容量，而且還能夠預留出足夠的物品進出空間。

另外，如果要長期存放布製品，那麼一定不能忽視濕度管控。如果是壁櫥，就要定期的打開門，利用循環扇等工具使內部空氣流動。如果是閣樓，最好要安裝換氣扇。

閣樓上存放的物品要認真斟酌才行

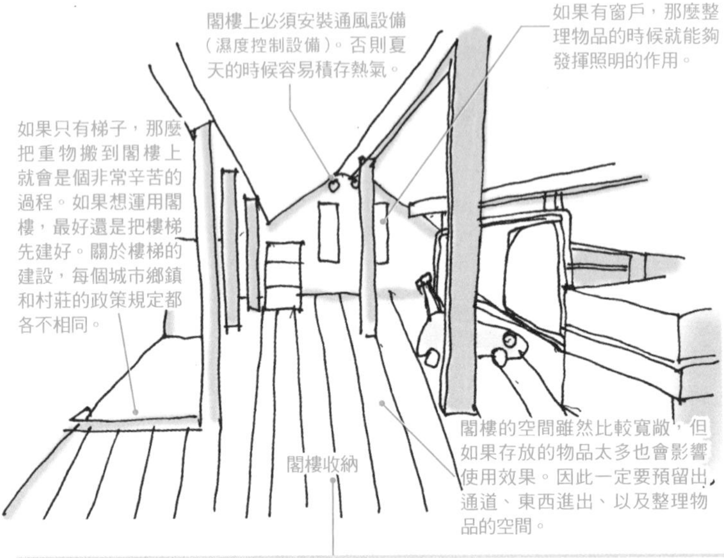
閣樓上必須安裝通風設備（濕度控制設備）。否則夏天的時候容易積存熱氣。
如果有窗戶，那麼整理物品的時候就能夠發揮照明的作用。
如果只有梯子，那麼把重物搬到閣樓上就會是個非常辛苦的過程。如果想運用閣樓，最好還是把樓梯先建好。關於樓梯的建設，每個城市鄉鎮和村莊的政策規定都各不相同。
閣樓的空間雖然比較寬敞，但如果存放的物品太多也會影響使用效果。因此一定要預留出通道、東西進出、以及整理物品的空間。
閣樓收納

無論是往閣樓裡放入東西還是取出東西都很麻煩，所以大家在使用閣樓的時候一定要對存放的物品進行選擇，建議存放使用率比較低的「體積大的物品」、「季節用物品」和「來客用物品」，等等。

客人用棉被
電風扇、電爐、電熱器等季節性家電
羽絨衣等體積大占空間的冬裝、靴子等物品
裝飾人偶、春節和耶誕節等節日裝飾品
防滑輪胎、滑雪板、戶外活動用品等

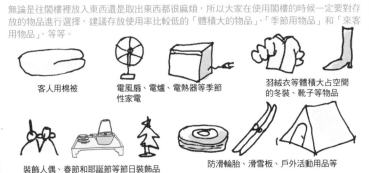

使用壁櫥必須要有濕氣對策

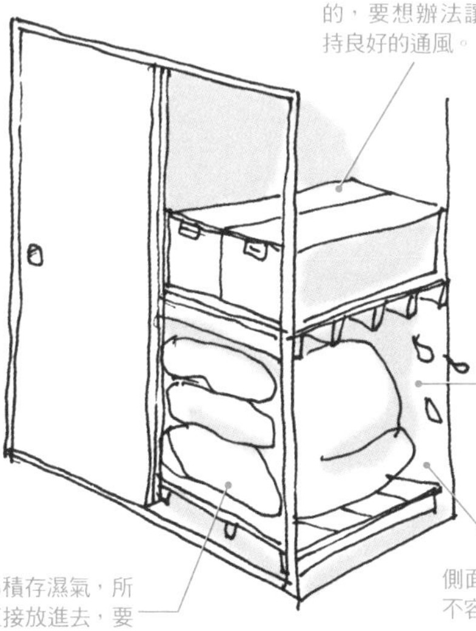

不要把壁櫥裡塞得滿滿的，要想辦法讓壁櫥內保持良好的通風。

要定期打開壁櫥並設法讓內部空氣得以循環。這樣做的目的主要是為了預防黴菌和結露。

裡面最容易結露。

下面的空間容易積存濕氣，所以不要把棉被直接放進去，要先在底部放一個格柵，然後再把棉被放在格柵上。

側面深處的空氣最不容易流通。

妥善收納棉被

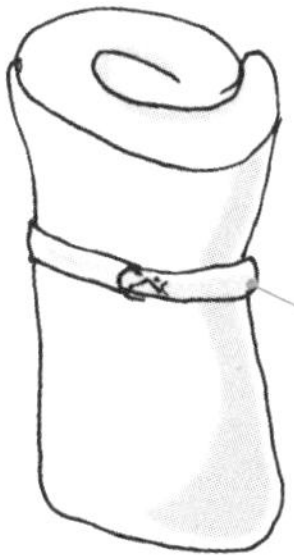

可以用魔術膠帶把棉被捆起來，然後豎著放進壁櫥裡，這樣就能夠適當利用壁櫥裡的剩餘空間。

來客用的棉被等物品可以放進包裝袋（購買時的包裝袋）或者棉被專用袋裡。其他的物品可以放進收納箱裡。如果再在裡面放些乾燥劑就更好了。

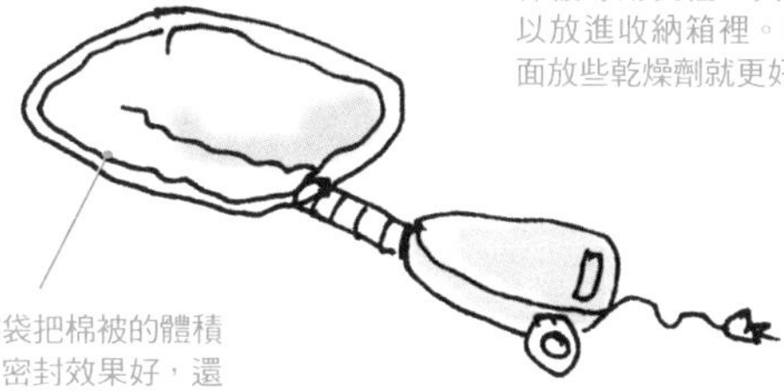

可以用壓縮袋把棉被的體積縮小，因為密封效果好，還能夠防潮，是一個非常好用的辦法。

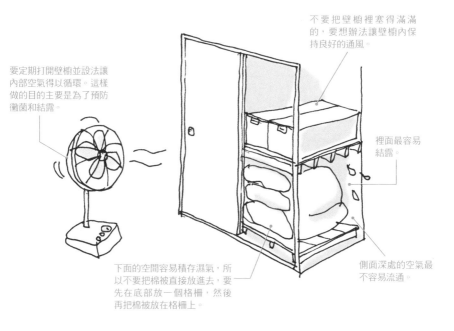

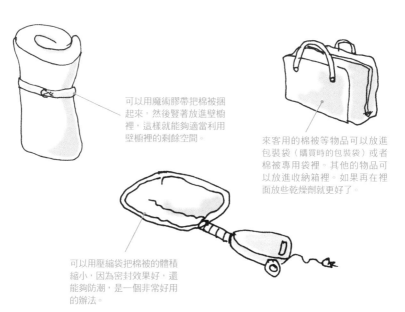

讓裝飾品看起來美觀大方的方法

如果是裝飾物品，主要目的就是讓環境看起來美觀大方。裝飾品的種類非常繁多，如作為地方特產的民族特色工藝品、全家福照片，以及個人收藏的小汽車模型等等。有些裝飾品單獨看起來怎麼都好看，但如果不加思考直接把幾種裝飾品隨意擺放，反而會給人一種不協調感。

家裡就只有這麼一個裝飾櫃，各式各樣的裝飾品雜亂無章的擠在一起，上面還堆滿了灰塵，而且還擺放在毫不顯眼的角落，這樣的情況可能並不少見。要想擁有一個美麗的裝飾櫃，不僅要斟酌裝飾品的擺放方法和數量，還要把它擺放在顯眼的位置，讓它真正發揮裝飾櫃該有的作用才行。

這樣的裝飾品收納櫃不好

各種風格的裝飾品雜亂無章的混合在一起，缺少分類整理。

連個伸手的空間都沒有，根本沒法進行清掃工作。

東西太多，擁擠不堪。

位於家具最上面那層的裝飾櫃擠滿了各個地方的民族特色工藝品。雖然主人自己可能還為擁有這麼豐富的收藏而感到非常自豪，但實際上一點都不美觀，可以說沒有任何美感而言。

讓裝飾櫃看起來更加美觀的技巧

控制好擺放物品的數量

對擺放的裝飾品要進行嚴格的篩選。有時候雖然只有一樣物品擺在那裡，看起來的效果卻出人意料的好。因為擺放的東西少，所以打掃起來也方便，因此能夠長期保持乾淨整潔的環境。

就算都是價格高昂的裝飾品，相互擁擠在一起也會讓它們的價值消失殆盡。

這個也擺放那個也擺放的話，就不可能有整潔美觀可言。

收集顏色、形狀、材質和大小相似的裝飾品進行擺放，也是正確打理裝飾櫃的一個方法。

雖然形狀各有不同，但僅僅因為顏色相近，所以就能給人一種整體感。這種裝飾方法就很成功。

要經常進行清掃，定期更換裝飾品

如果覆蓋了一層灰塵，就算是再美麗的裝飾品也會給人一種髒兮兮的印象。

如果能夠根據季節和主題的不同經常更換裝飾品，就能夠給人一種愉悅的視覺感受。不僅如此，在更換裝飾品的時候也能夠順手進行清潔工作，一舉兩得。

增加亮度來吸引目光

大家都知道綠色植物沒有陽光就不能生存，同樣的道理，水晶玻璃等物品如果沒有光線的照射就不美觀。

但有一點一定要注意，那就是大部分物品如果照射紫外線過多，會導致劣化，特別是照片和紙製品等物品。

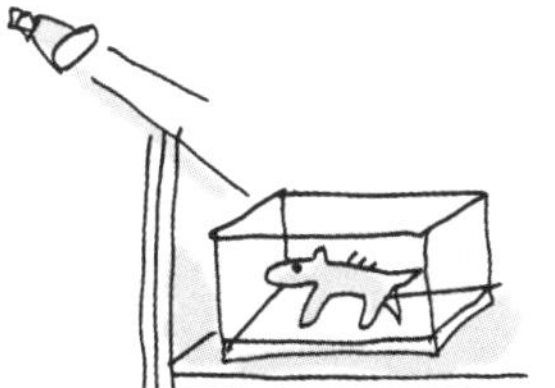

螢光燈等照明設備含紫外線較少。對於模型等物品，可以將其放在防紫外線的盒子裡。

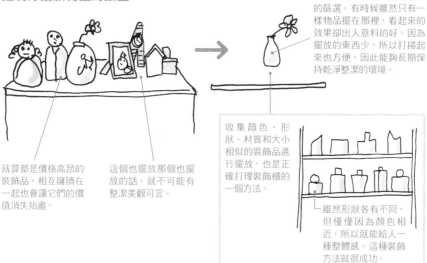

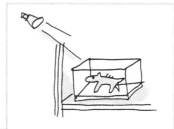

美觀的展示方法

把裝飾架放在顯眼的位置

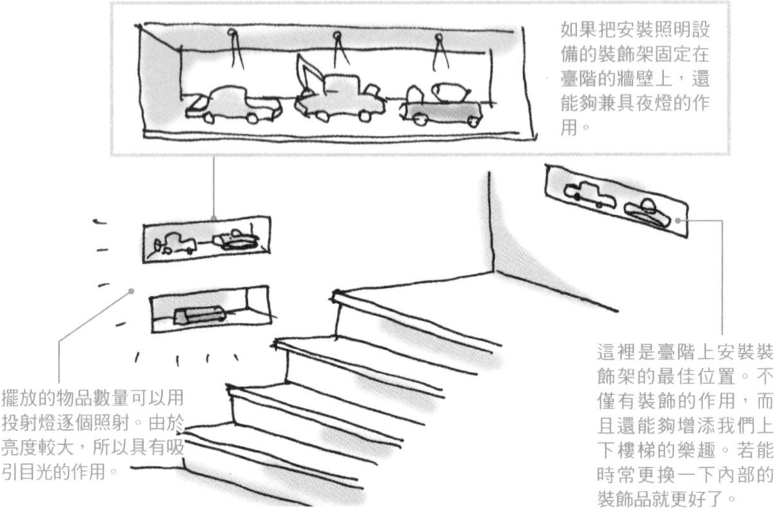
如果把安裝照明設備的裝飾架固定在臺階的牆壁上，還能夠兼具夜燈的作用。
擺放的物品數量可以用投射燈逐個照射。由於亮度較大，所以具有吸引目光的作用。
這裡是臺階上安裝裝飾架的最佳位置。不僅有裝飾的作用，而且還能夠增添我們上下樓梯的樂趣。若能時常更換一下內部的裝飾品就更好了。

「能夠使用的裝飾品」要便於使用才好

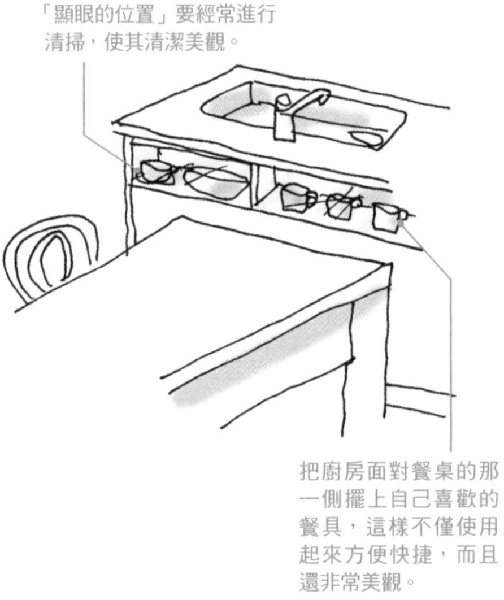
「顯眼的位置」要經常進行清掃，使其清潔美觀。
把廚房面對餐桌的那一側擺上自己喜歡的餐具，這樣不僅使用起來方便快捷，而且還非常美觀。

要選擇尺寸合適的收納櫃

如果裝飾品的種類和數量確定下來，最好選擇尺寸剛好合適的收納櫃。這樣一來，就不會再額外堆積更多的東西了。
擺放小件物品的裝飾櫃寬度只需要大約10cm就足夠了。

女兒節人偶的裝飾和存放場所

臺階裝飾台的體積很大

俗話說每個女孩至少要有一套女兒節人偶。但如果考慮到裝飾場所和存放空間的問題，儘量還是選擇體積小的產品較好。

女兒節過完後就必須把人偶娃娃收拾起來了，因為根據古老傳說，如果收拾的晚了，閨女出嫁也會晚，一旦成了剩女可就麻煩了。但請大家一定記得，像女兒節人偶這種節日性的裝飾品需要預留足夠的存放空間才行。

臺階裝飾台的深度較大，如果是7級臺階裝飾台，有可能佔去房間的大半空間。

從女兒節人偶娃娃開始，這些節日性裝飾品要在節日過完後馬上收拾起來，這已經是流傳已久的習俗。因此，這些物品不僅需要裝飾場所，還需要存放場所。

為了讓一年一度的展示舞臺看起來更加豪華美觀，就必須確保有合適的展示場所才行。話雖然這麼說，但這類季節性裝飾品收起來的時間遠比使用的時間長。存放期間要做好防潮防蟲工作，避免發黴汙損，因此對存放空間的要求比較高，必須仔細評估才行。從這個意義上來說，這些物品的存放空間要比展示空間重要得多。

考慮好人偶娃娃的設置場所

摺疊式裝飾架

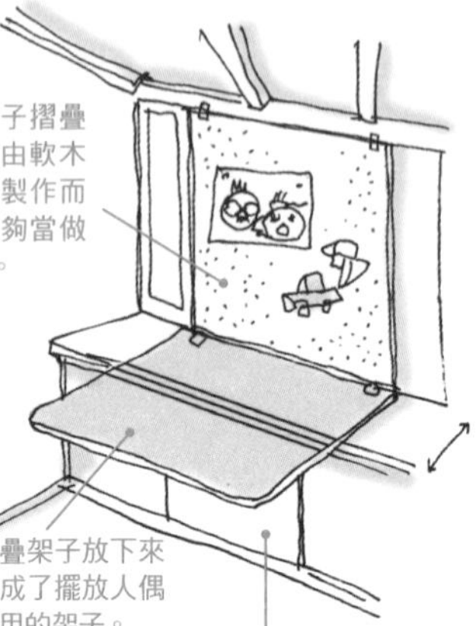

平日就把架子摺疊起來存放，由軟木板材等材質製作而成的背面能夠當做留言板使用。

把摺疊架子放下來就變成了擺放人偶娃娃用的架子。

平日還可以把它放進紙箱子裡存放到櫥櫃裡。

把它當做玄關的裝飾

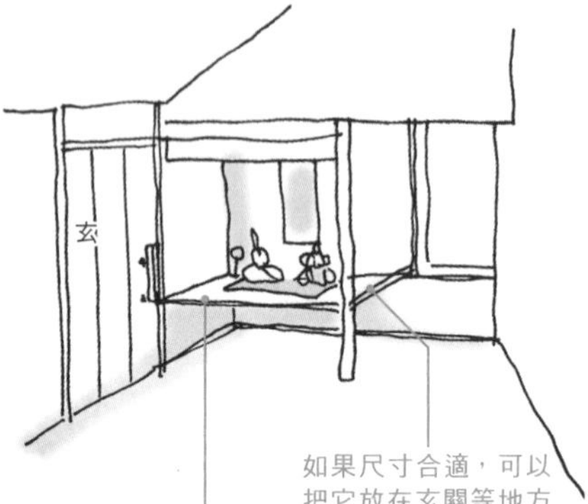

如果尺寸合適，可以把它放在玄關等地方當做裝飾使用。

在新年或中秋等節慶，可以根據當時的實際需求替換相應的裝飾品。

簡單放塊板子也行

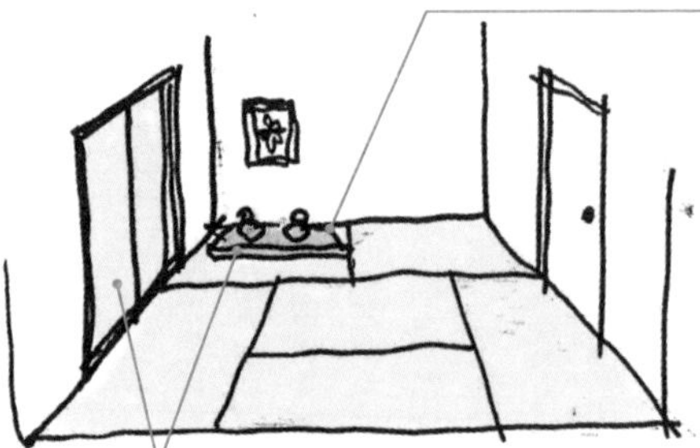

把板子擺好就設置出了展示空間和收納空間。

只要一塊高品質的板材，就能把展示空間創造出來。把展示空間設置在和室或走廊的盡頭都是不錯的選擇。

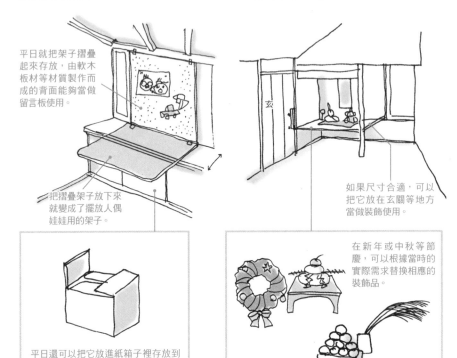

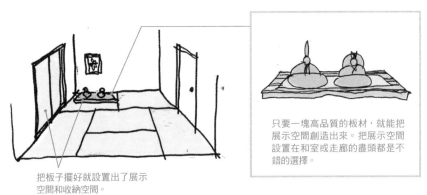

位於走廊盡頭的豪華裝飾架

平面效果圖

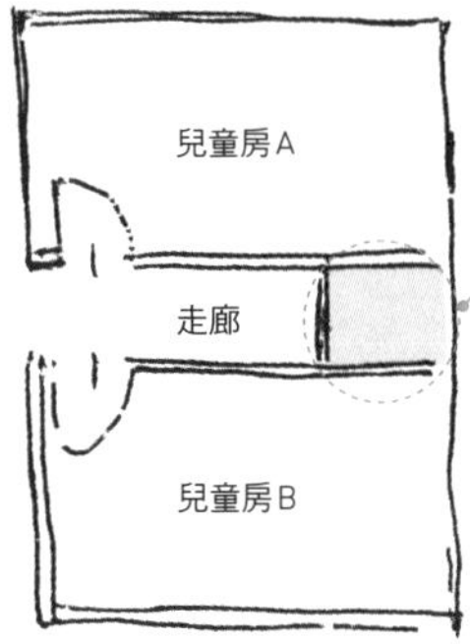
兒童房A
走廊
兒童房B

走廊的盡頭可以擺放裝飾架。女兒節的時候可以擺放女兒節人偶。

立體效果圖

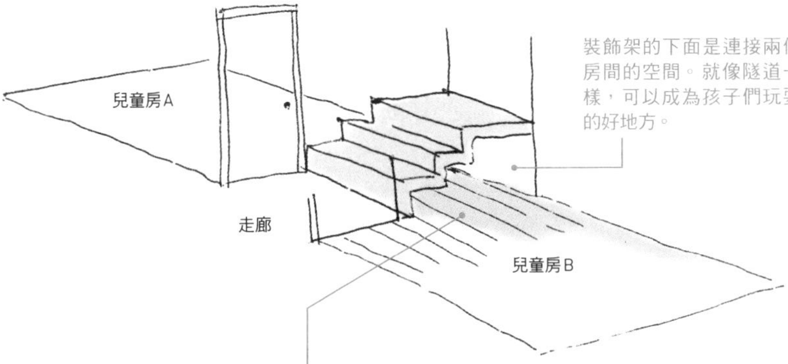
兒童房A
走廊
兒童房B

裝飾架的下面是連接兩個房間的空間。就像隧道一樣，可以成為孩子們玩耍的好地方。

當孩子們長大後，可以在隧道狀通道上安裝上門，這樣就形成了2個獨立的收納空間，也可以當做女兒節人偶專用的存放空間。

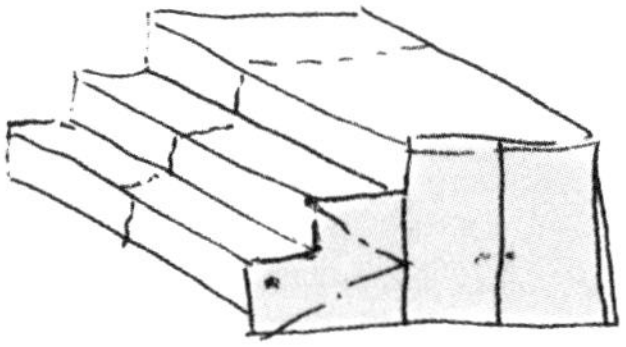

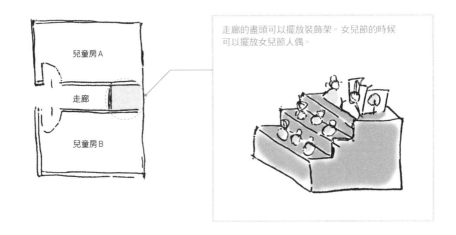

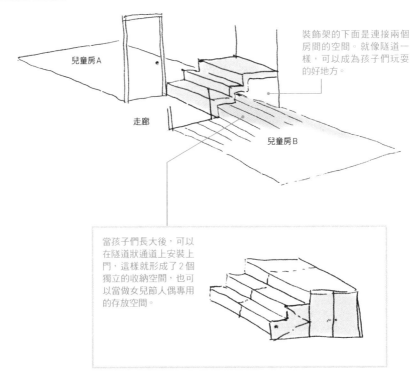

五月人偶的展示場所要全年確保

如果房間有點暗，那裝飾就沒有任何意義

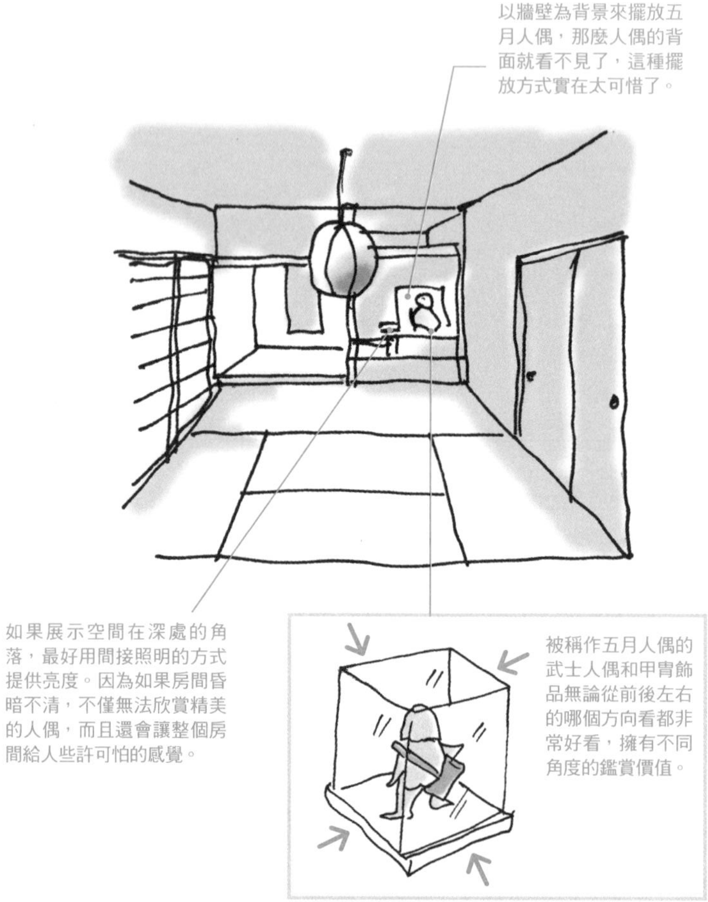
以牆壁為背景來擺放五月人偶，那麼人偶的背面就看不見了，這種擺放方式實在太可惜了。
如果展示空間在深處的角落，最好用間接照明的方式提供亮度。因為如果房間昏暗不清，不僅無法欣賞精美的人偶，而且還會讓整個房間給人些許可怕的感覺。
被稱作五月人偶的武士人偶和甲冑飾品無論從前後左右的哪個方向看都非常好看，擁有不同角度的鑑賞價值。

甲冑飾品和武士人偶等五月人偶裝飾，雖然也可以說是節日性裝飾，但與其他節日性裝飾品不同的是，五月人偶一年當中都可以展示出來。因為製作精美，所以展示場所最好設置在家裡最顯眼的位置，而且讓其看起來更加鮮明吸睛才行。與女兒節人偶娃娃不同，就算全年都展示在那裡，兒子的成長也不會因此而變得緩慢。

如果選擇的是有展示箱的五月人偶，那麼在選擇展示場所的時候自由度相對就較大一些。

如果要收起來的話，還是必須另尋存放的空間。所以大家其實可以建立一個思維，就是「裝飾」其實也是收納的一種方法。

樓梯井是絕妙的裝飾場所

上下左右各個方位都能進行觀賞

在樓梯井處設置一個裝飾架，專門用來擺放五月人偶。這樣一來，就能夠從四面八方進行觀賞了。

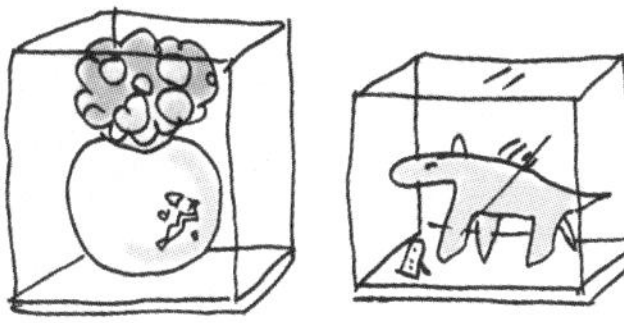

如果家裡的五月人偶不是全年展示，也可以用花瓶或者壺來進行裝飾。因為是時時刻刻都會看到的地方，所以清掃工作絕對不能懈怠，一定要隨時保持裝飾架整潔乾淨。

無論從哪個方向投射來光線，人偶都能夠表現出完美的狀態。

五月人偶所佔用的空間要比我們想像的還要大。除了裝飾空間，如果再額外準備收納空間，真的有點浪費。如果整年都能夠進行展示，就不再需要煩惱如何收納了。

把扶手牆當做裝飾架

在樓梯側面的牆上規劃出一個凹槽作為展示平台也是不錯的選擇。如果上方為挑高設計的話，也不必擔心物品頂部和上方壁面的距離，可以成為樓梯轉角處的點綴。

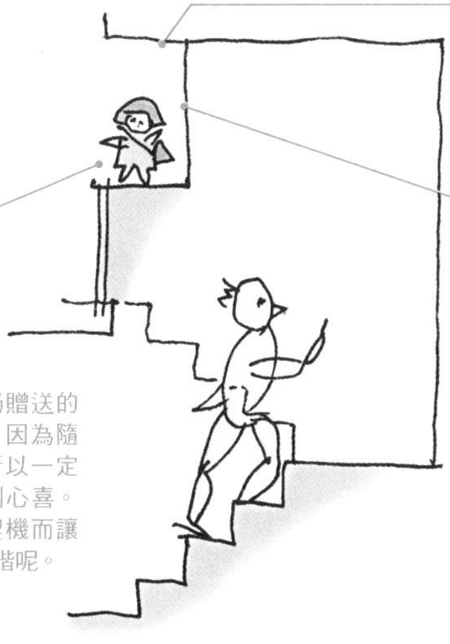

如果把爺爺奶奶贈送的禮物放在這裡，因為隨時都能看到，所以一定能夠讓長輩感到心喜。或許還會因此契機而讓家庭關係更加和諧呢。

如果不只是打算展示五月人偶，還計畫展示其他裝飾品，就要把凹槽的尺寸提前設定好，按照最大裝飾品的尺寸來設置。

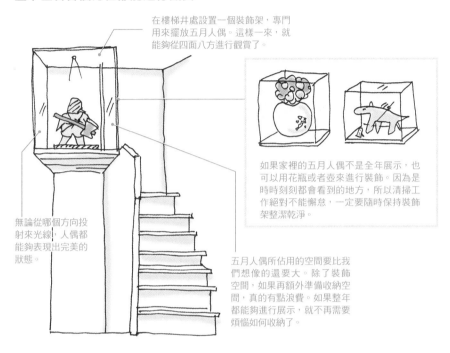

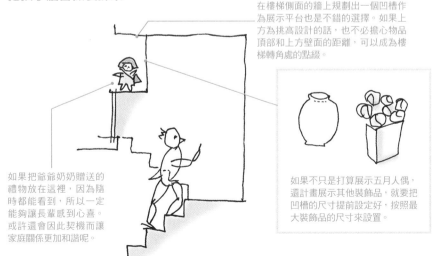

不能被斷捨離的物品

防災物品一件都不能少

在床邊準備好逃生用品

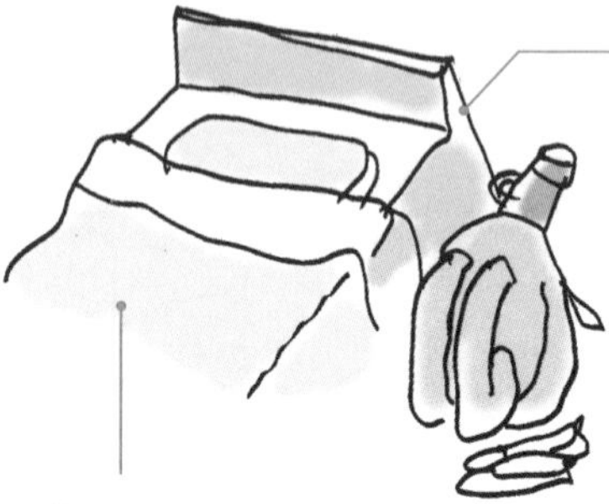

手電筒、應急背包（最低限度的飲用水、瑞士刀、衣物、打火機或者火柴、藥品、筆記用具、盥洗和衛生用品、耳塞、收音機、電池）、靴子。

有一種專用包能夠把智慧型手機、鑰匙和錢包全都收納在一起，非常方便。類似的貴重物品要放在枕頭邊。

智慧型手機（防水型）

緊急儲備糧食每個月都要進行更新

調理包食品要經常食用並及時補充。可以嘗試儲備各式各樣的好吃食物，而且是常備才行。可以選擇餅乾類或者保存期較長的麵包等食物。

要準備好各種一次性的餐具，包括面紙、塑膠袋、衛生紙等，飲用水要確保一人一天1升的最低限量，而且至少是10天的用量。

最低限度的儲備物品清單

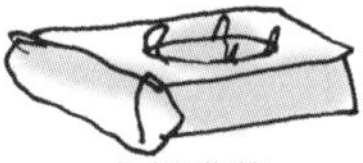

卡式瓦斯爐

桶裝瓦斯

毛巾

罐頭

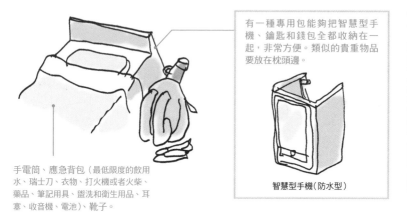

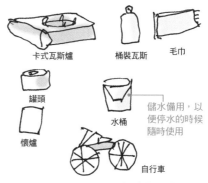

懷爐

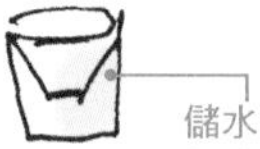

水桶

儲水備用，以便停水的時候隨時使用

自行車

另外還要準備簡易廁所

雖然我們總想減少持有的物品數量，但防災物品卻一樣都不能少。為了以防萬一，必須預先準備好應急背包並隨時把它放在床邊，裡面必須裝滿最低限度的應急物品，例如緊急儲備糧食、生活必需品等。

另外，住宅內部的防災措施也一項都不能少。當大地震來臨的時候，家具也可能變成凶器，所以要提前安裝好能夠防止傾倒的五金配件或者防震橡膠等零件。訂製的家具在地震過程中也可能會因為門被震開而導致內部的物品飛散出來，所以抗震插銷是必須要提前安裝的。

我們無法預測將來的什麼時候會發生什麼事情。所以，就我個人的防護措施來說，一定總是穿著即便被人看到也無妨的內衣褲款式。以便發生什麼事情的時候，能夠很體面的面對周圍人的目光。

家電與收納的抗震措施

防止傾倒的方法

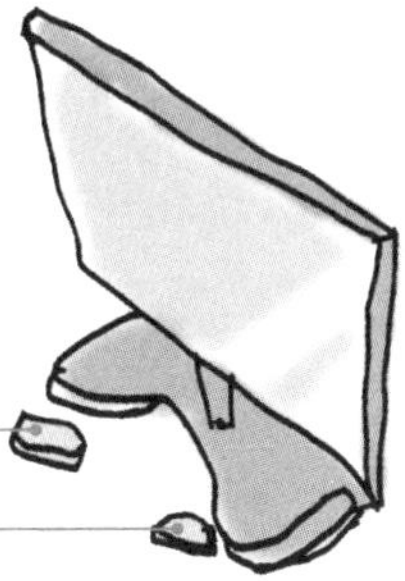

可以在家電和電腦的下端安裝止滑橡膠。至於家具等物品，可以預先安裝防止傾倒的五金零件。

只要不是訂做的家具，就能夠利用防止傾倒的五金配件把家具固定在建築物上（因為五金配件裸露在外面，所以在一定程度上會影響美觀）。

不那麼顯眼的抗震插銷

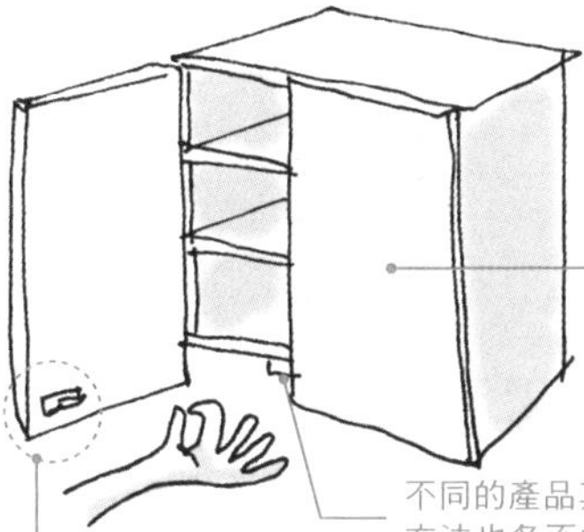

不同的產品其打開鎖頭的方法也各不相同，如抓住後再打開，等等。

外開門用的抗震插銷。當感知到震動的時候，插銷的活動桿就會自動插入鎖頭裡的插銷孔裡，外開門也就沒法打開了。有的插銷產品能夠從後面閂上鎖頭。另外也有抽屜專用的抗震插銷。

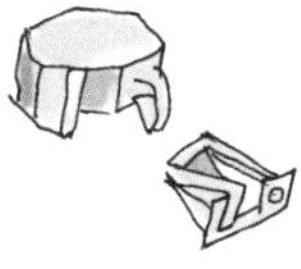

如果把收納櫃的外開門提前安裝上抗震插銷的話，地震時就不會發生物品掉落出來造成危害安全的事故了。

露在外面的抗震插銷

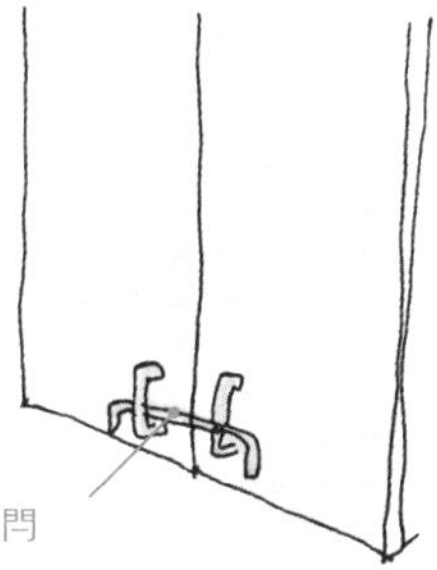

插上門閂

橫桿式插銷　卡榫式插銷　鏈條式插銷

安裝在外部的抗震五金配件雖然不夠美觀，但毫無疑問安全性能卻是最好的。

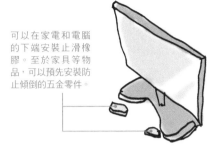

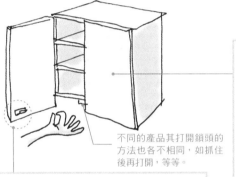

COLUMN 1

直接表達自己的訴求

對於以建築設計為職業的作者本人來說，客戶對住宅的需求是必須要提前瞭解掌握的事項。有的時候客戶會為我提供能夠集中反映訂做收納櫃相關需求的速寫圖。因為這個速寫圖能夠直接表現出他們想把什麼東西放在什麼地方，是為了做什麼用，所以對於設計非常有用。這樣設計出來的房子，客戶自然是非常滿意的。住宅是訂製產品，所以住戶和設計師之間的溝通是最重要的事情。

為滿足客戶期望而設計的收納櫃

盥洗室收納櫃的要求速寫

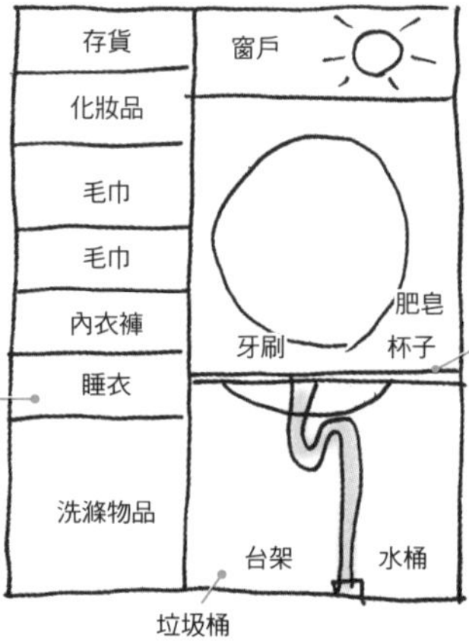

客戶要在什麼地方存放什麼東西自然是必須要瞭解的事項，其實就連客戶在盥洗室都會做什麼事情等生活方式也要準確掌握才行。

關於尺寸等詳細資訊就不需要進行特別說明了。俗話說術業有專攻，專業問題還是交給專業人士去處理比較好，要信任設計師才行。

依速寫圖製作的成果具體如下

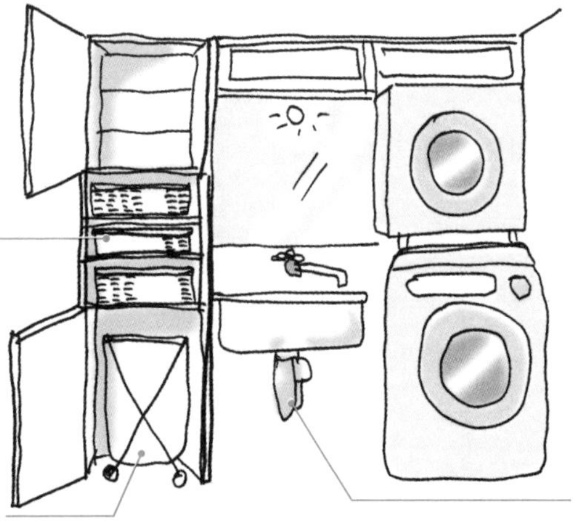

用籃子代替抽屜，目的是降低成本。

洗衣籃的下面安裝輪子。這樣就能夠輕輕鬆鬆把髒衣服運到洗衣機那裡。

排水管要隱藏在牆壁裡，這樣不僅能夠確保地面乾爽，不會濕滑，而且還不會妨礙放置水桶或者垃圾桶。

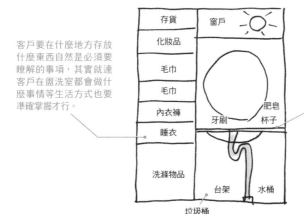

第2章

從收納開始評估如何塑造居家環境

尋找空隙進行收納

在平面圖上難以理解的空間立體應用

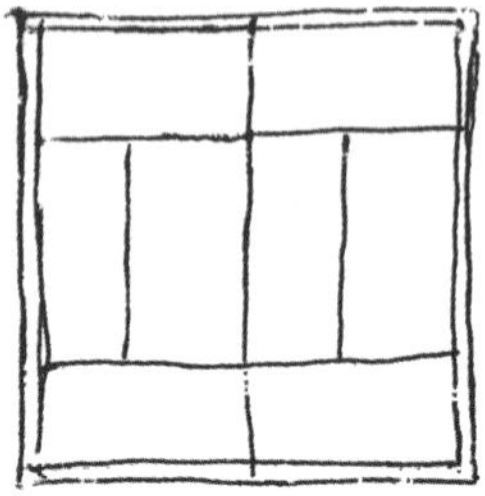

從平面上看非常普通的8個榻榻米大小的房間

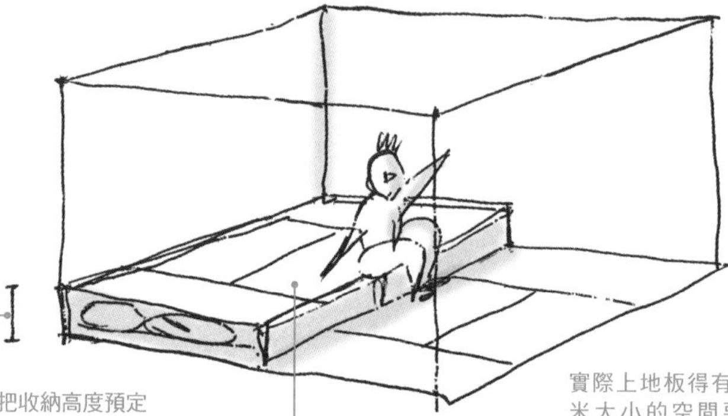

如果把收納高度預定為40cm，那麼高度差的部分正好可以代替椅子使用。

實際上地板得有4個榻榻米大小的空間要稍微墊高，而墊高部分的下層也可以當做收納空間，這樣一來，本來的8個榻榻米空間加上墊高的4個榻榻米空間，地板就有12個榻榻米空間可以利用了。

在新建和整修住宅的時候，希望擁有更大的收納空間是每一個人的共同願望。然而，若是一昧地追求衣帽間和食品儲存櫃等收納空間，而忽略了居住空間的品質，那可就是本末倒置了。

雖然從房間格局圖上非常難以發現，但實際上家裡有很多空隙都可以用於收納。例如地板下面、牆壁中的空間、天花板內部的訂製家具、椅子底下等等。

特別是那些居住空間本身就很狹窄的住宅裡，好好利用這些被忽略的空間來收納物品是最好的辦法。至於該如何發現並妥善利用，技巧就在於從立體的角度來觀察住宅。

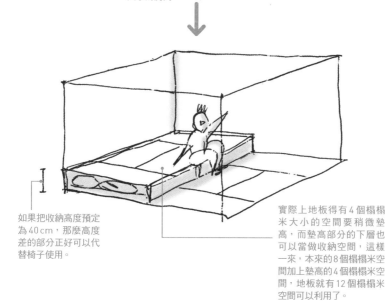

窗子旁邊的長凳可以有很多種用途

寬度只要有40cm就足夠了

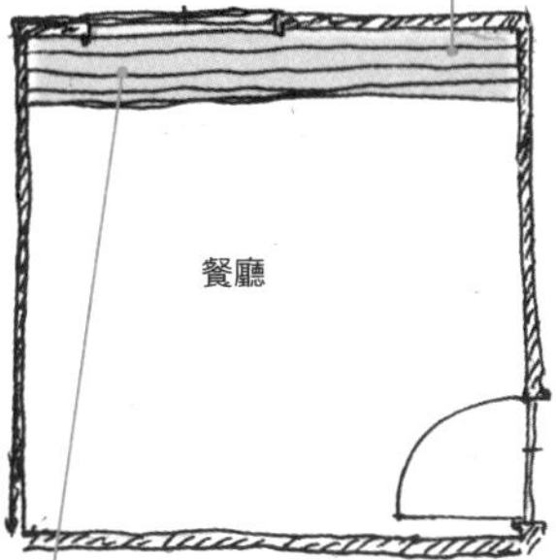

8個榻榻米大的房間中，在窗子那一側的牆面安裝等長的長凳。計算後就會發現，長凳總面積大約有一個榻榻米大。雖然有的人會認為「房間變得好擠啊……」。但實際上……

窗戶旁邊的長凳是一個非常適合讀書的地方。

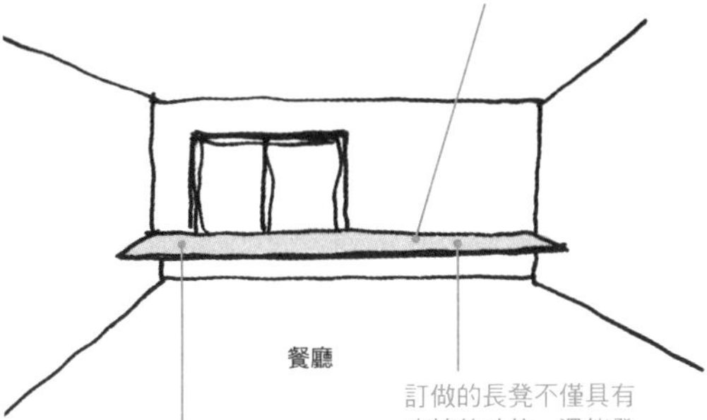

訂做的長凳不僅具有座椅的功能，還能發揮其它的效用。

可以當做展示架來用，如巧妙地擺放一些寫真集，等等。當然也可以當做書架來用。

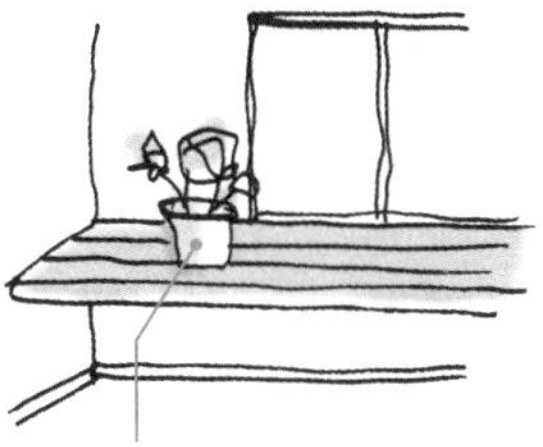

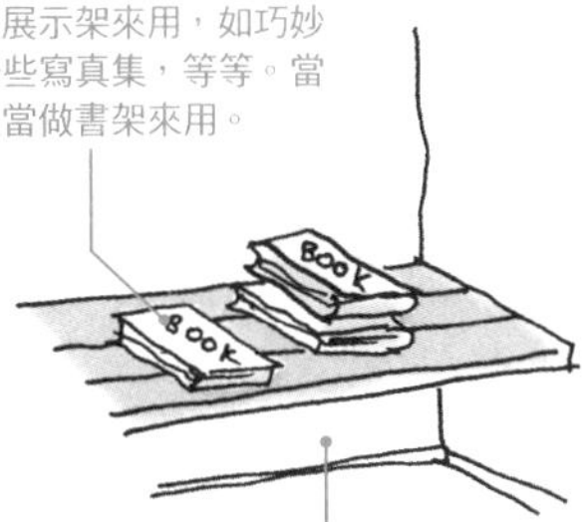

可以當做裝飾架用，如上面放盆花來裝飾點綴。

懸空的設計會讓房間顯得更寬廣

如果來的客人數量太多，一旦超過了椅子的個數就很麻煩，但如果是長凳，就能夠派上用場。

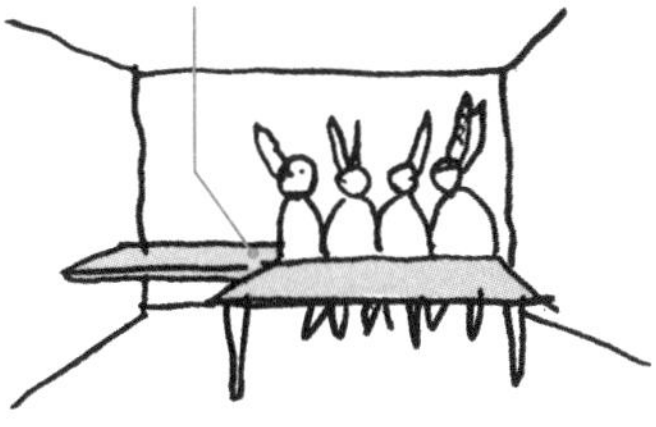

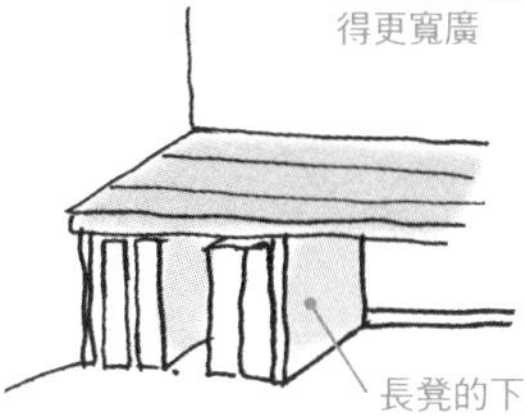

長凳的下方絕對是收納量超群的收納空間。可以並排擺放一些好看的物品，如書籍等。

如果想用這個空間來收納零零碎碎的小物件，建議最好裝上門來遮蔽。這樣整個房間看起來也會非常乾淨整潔。

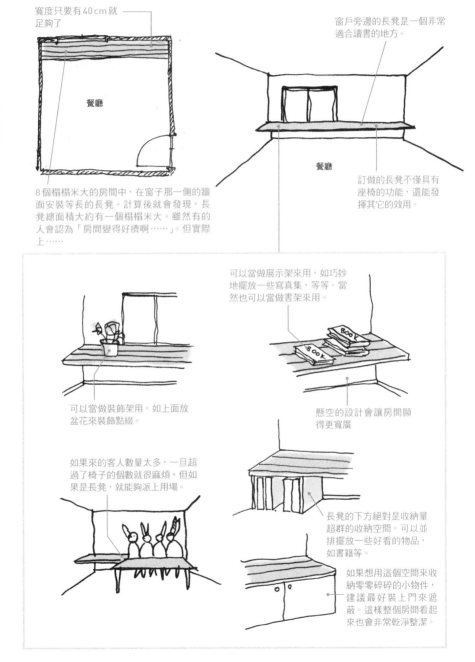

家具下面的空隙

底座存在的意義是什麼？

底座的位置在哪裡？

家具底部有時會安裝上底座。如果底座高度約40mm的話，下方等於就空出高40mm的空間了。

底座的作用

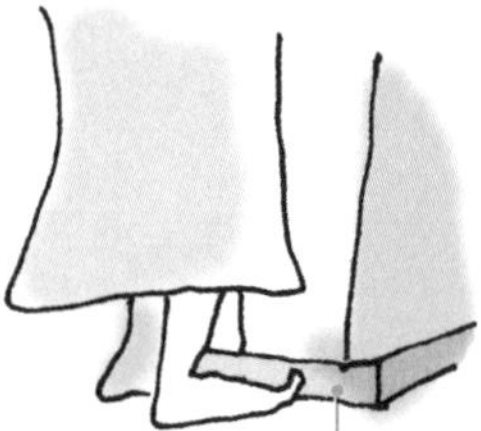

家具的底座要比家具本身向內縮了大概50mm，所以能夠避免腳去踢到。

吸塵器的吸入口不會碰到家具本身，能夠減少打掃時碰傷家具的機會。

家具本身因為底座的緣故不會直接接觸地面，因此能夠預防灰塵、垃圾和濕氣等進入家具內部。

某些家具的最底下會安裝「底座」這種零件。除了有作為家具「台座」的支撐作用之外，還能讓門或抽屜的開關更加地順暢。

然而，底座部分所形成的空間其實也常被人們閒置不用。因此，在訂製家具的時候，刻意不加裝底座應該也是不錯的選擇。不但能夠增加收納空間，而且還有很多其他的優點。雖然如此，家具底座所形成的空間也並不是毫無價值，其實可以利用它來做配線或配管的通道，這一點值得我們注意。雖然只是一個非常小的空隙，但也有它的利用價值。

也可以選擇不安裝底座

增加收納量

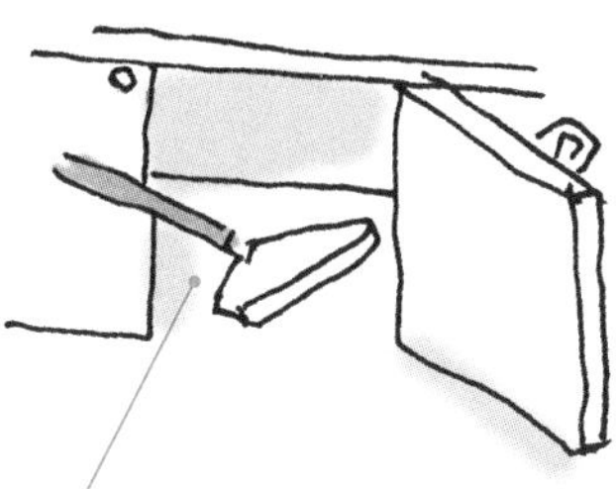

排除閒置空間，所以收納量也有了相應的增加。而且可以直接清掃內部空間。

提高使用便利度

在存放重物的時候，因為沒有底座的阻礙，所以能夠直接將其推進櫃子。

底座部分也可以用來收納物品

把底座空間當做抽屜使用

利用牆壁等來支撐家具本身的重量，使家具能夠自立，底座本身不用來承重。

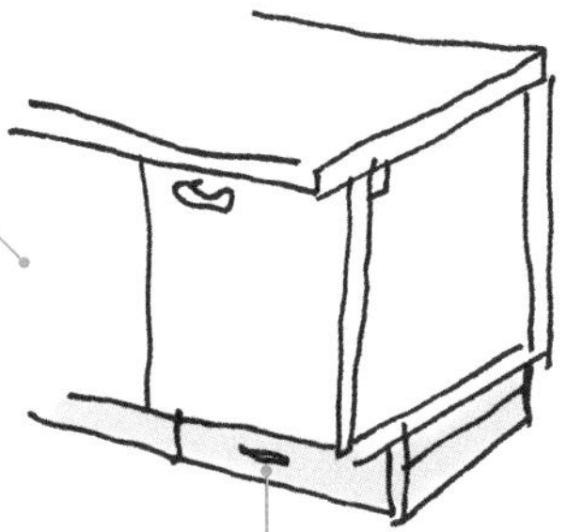

把家具底座部分當抽屜使用。

要注意現成家具的情況

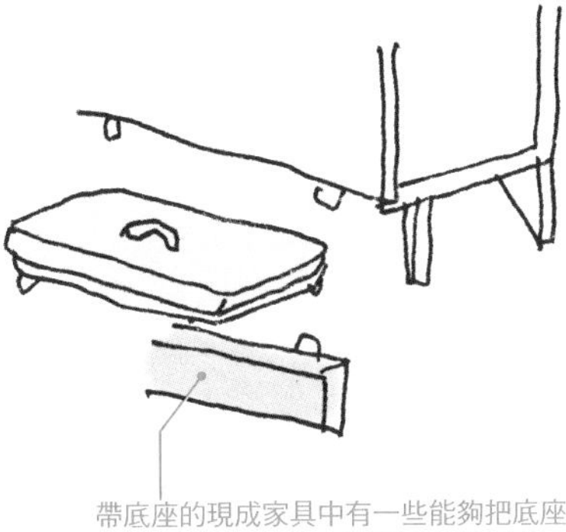

帶底座的現成家具中有一些能夠把底座部分直接拆卸下來。這類家具的底座實際上沒有承重作用，如果不用來當做配線或配管的使用空間，就可以拆下來，將電烤爐等體積相對輕薄的電器收進家具底下的空間。

積極地利用地板下面的空間

地板以下的空間是這樣子的

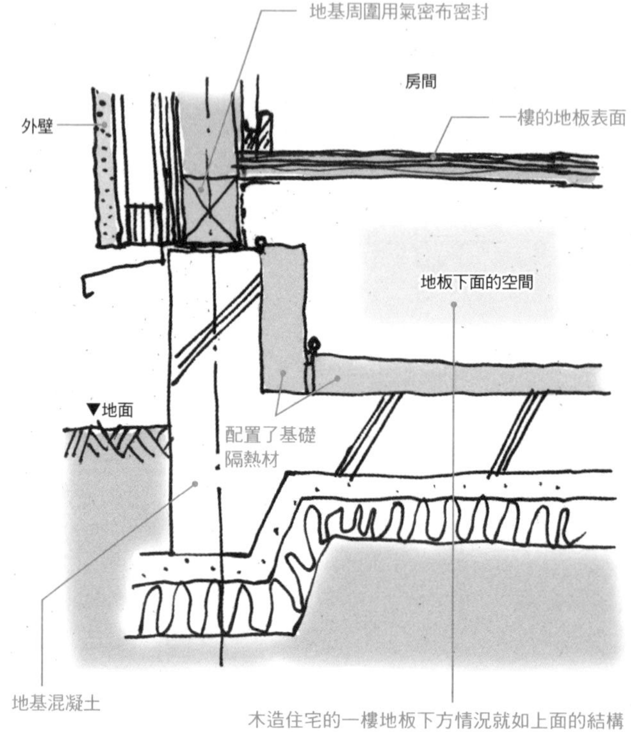

地基周圍用氣密布密封
房間
外壁
一樓的地板表面
地板下面的空間
▼地面
配置了基礎
隔熱材
地基混凝土

木造住宅的一樓地板下方情況就如上面的結構圖所呈現。這是為了防潮考量所必備的空間（日本的建築基準法規範，地板必須比地面高出40cm以上）。但是，這裡也成為所謂的閒置空間。

當我們在收拾整理房間的時候，往往只會考慮如何最大限度的利用好房間內的有限空間，卻常常忽視了那些眼睛看不到，實際上卻相當寬敞的空間。例如地板下面的收納空間。

日本人利用地板下空間的歷史悠久，最早可追溯到明治時代。當時的廚房還沒有瓦斯，地板上用來使用灶龕和火爐，地板下的一部分則作為收納空間，儲存醃漬用的糠床、梅酒等等。畢竟是地板的下方，防潮對策絕對是必要的。現代的施工都會裝設氣密度、隔熱功能都很好的材料，因此效果更好。絕對不會有人放棄利用這個空間的！

※糠床：裝在桶裡的拌鹽的米糠

來修建地下收納空間吧

現成品中也有很多種

蓋上蓋子時的樣子

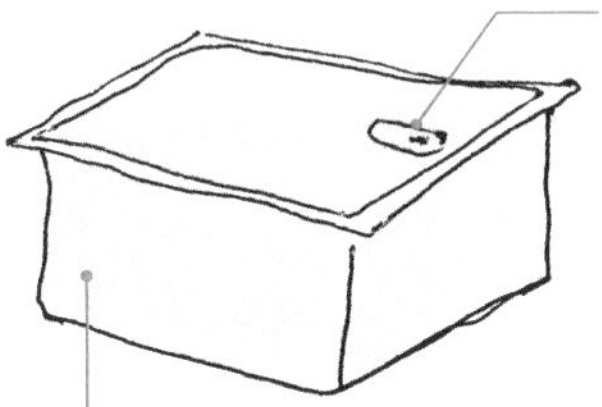

地下收納櫃的五金配件會裸露在地板表面，所以看起來不怎麼美觀。

只要在地板板材上開出適當大小的洞，再把地下收納櫃放進去就可以了。雖然施工較簡單，但也容易鬆動。相對來說也具有拆卸容易的優點（還能當作管線的檢查口）。

打開蓋子時的樣子

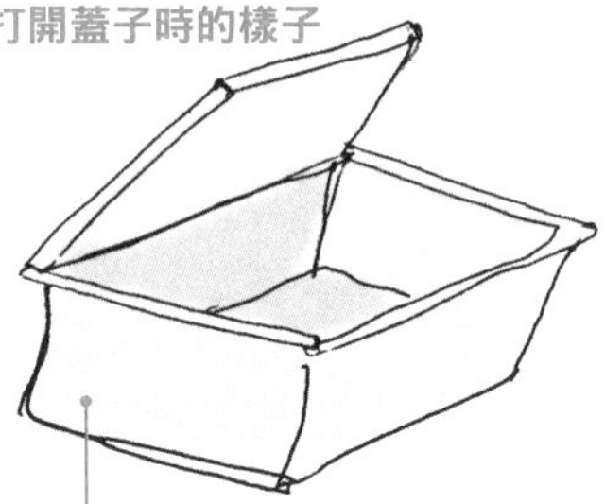

用塑膠等具有防水功能的材料製造的地下收納櫃可以說是首選。但由於現成品的尺寸款式較為固定，所以選擇的自由度相對較小。

手工製作的地下收納櫃

除了購買現成品，還有一個方法，就是利用手頭擁有的物品自己手工製作地下收納櫃。把地板的一部分取下來，把收納櫃直接放進去就可以了。

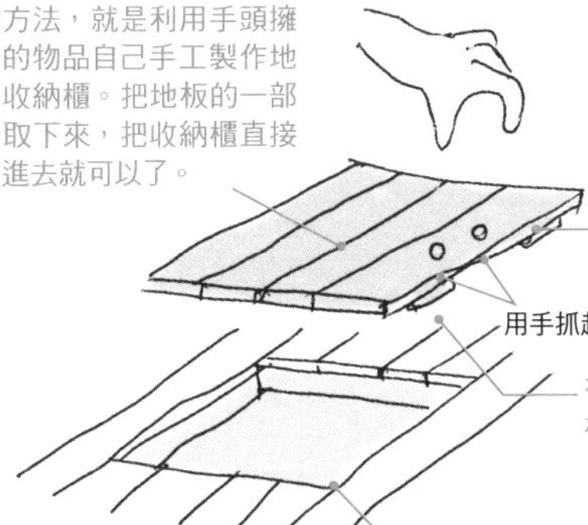

可以收納孩子的作品、白酒等物品。

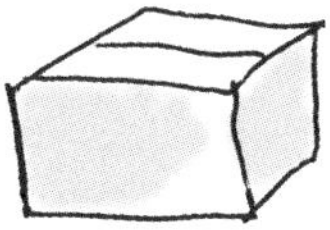

也可以用紙箱子

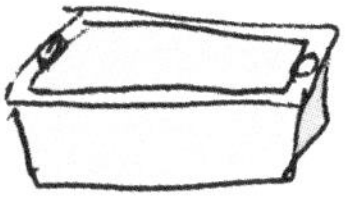

如果使用塑膠箱子，氣密性會更好。

地下收納櫃要設置在沒有放置家具的地方

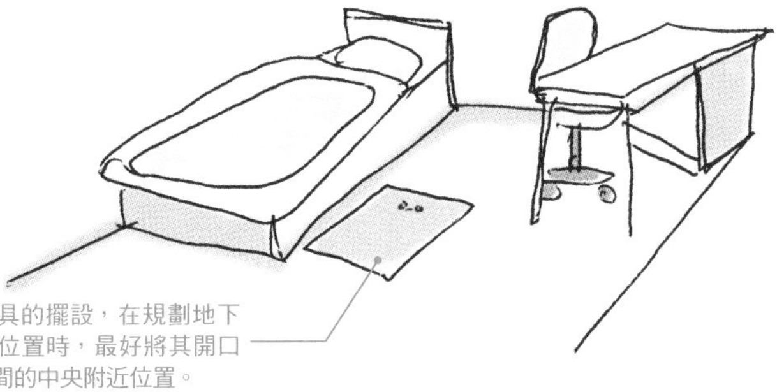

考慮到家具的擺設，在規劃地下收納櫃的位置時，最好將其開口設置在房間的中央附近位置。

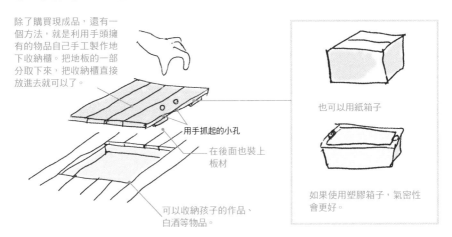

積極地利用閣樓空間

有挑高空間的住宅

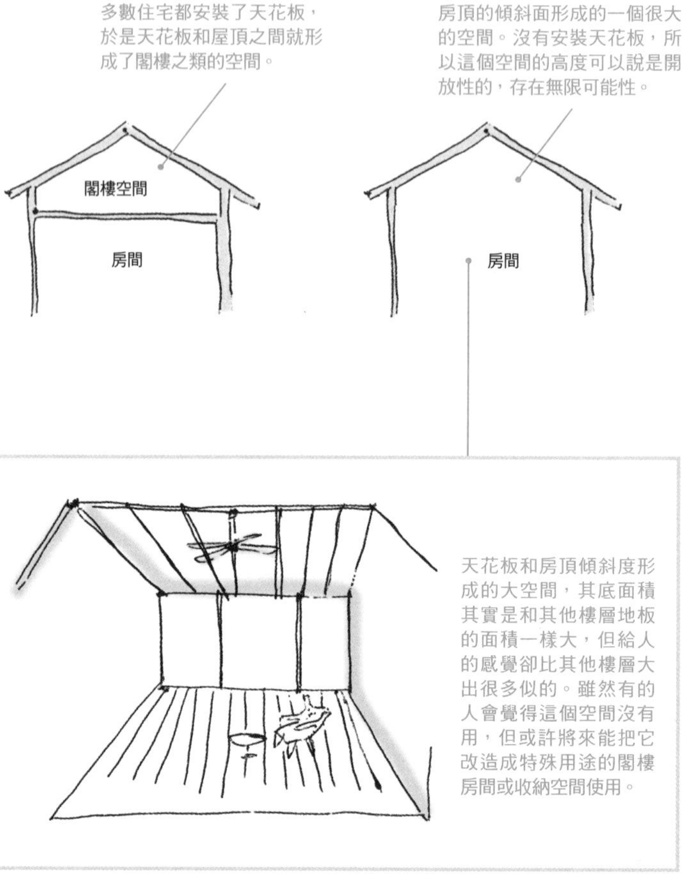

多數住宅都安裝了天花板，於是天花板和屋頂之間就形成了閣樓之類的空間。
閣樓空間
房間
房頂的傾斜面形成的一個很大的空間。沒有安裝天花板，所以這個空間的高度可以說是開放性的，存在無限可能性。
房間
天花板和房頂傾斜度形成的大空間，其底面積其實是和其他樓層地板的面積一樣大，但給人的感覺卻比其他樓層大出很多似的。雖然有的人會覺得這個空間沒有用，但或許將來能把它改造成特殊用途的閣樓房間或收納空間使用。

兩層的木造結構住宅中會存在兩個特殊的空間，一個是一樓的天花板內側空間，另一個是二樓的屋頂傾斜面形成的類似閣樓的空間。目前來看，這兩個空間雖然算不上是百分百的閒置空間，但用途也大多用於配線和配管而已，實際上這兩個空間的用途還要廣泛得多。把最上面那層的天花板去掉，形成一個挑高的大型空間，能夠給人一種寬敞明亮的感覺，讓人心情舒暢，心曠神怡。但如果室內收納空間嚴重不足，也可以考慮把其中的部分空間改造成特殊用途的閣樓房間或收納空間使用。但為了避免讓兩層建物違規變更成三層等類似問題，請務必先和當地政府或公家機關進行規章諮詢。改造的時候如果能順便安裝好樓梯、窗戶和電源自然最好，所以政策諮詢越詳細越好。

在大空間裡建造閣樓

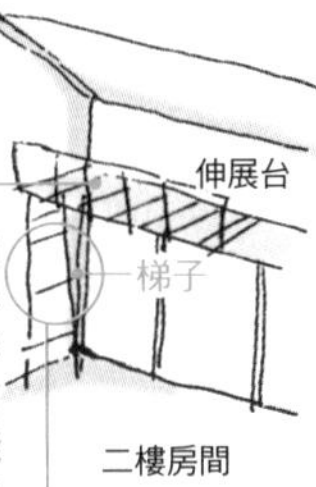
伸展台
梯子
二樓房間

把其中的一部分空間改造成伸展台的形式。雖然是走廊形狀，但在構造上具有一定的優勢，不僅能夠在打掃高處的窗戶時有所幫助，還能夠在維修維護上發揮很大的作用。

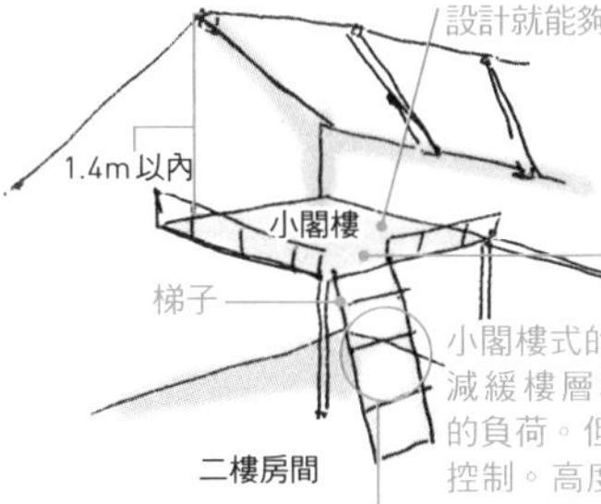
1.4m以內
小閣樓
梯子
二樓房間

把一部分空間改造成小閣樓。只要有挑高設計就能夠進行改造。

小閣樓式的收納空間可以減緩樓層和樓地板面積的負荷。但尺寸還是必須控制。高度要在1.4m以下、面積要在2樓地板總面積的1/2以下。

如果用梯子來爬上爬下，要隨時注意安全使用問題。

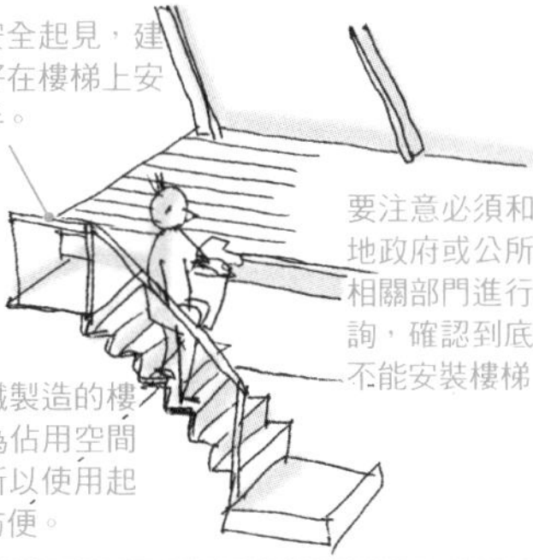

為了安全起見，建議最好在樓梯上安裝扶手。

要注意必須和當地政府或公所等相關部門進行諮詢，確認到底能不能安裝樓梯。

用鋼鐵製造的樓梯因為佔用空間小，所以使用起來最方便。

就算不寬敞，閣樓也能夠為我們的生活帶來便利

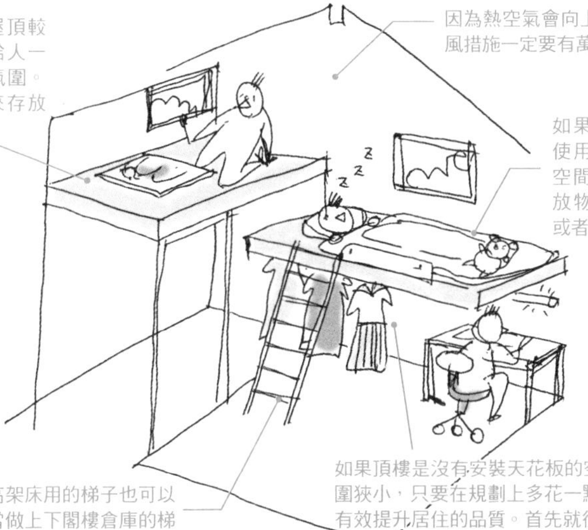

閣樓空間因為屋頂較低，所以能夠給人一種秘密基地的氛圍。當然也可以用來存放物品。

因為熱空氣會向上匯集，所以通風措施一定要有萬全之策才行。

如果當作高架床來使用，那麼下面的空間還可以用來存放物品，當做壁櫥或者收納櫃來使用。

高架床用的梯子也可以當做上下閣樓倉庫的梯子來使用。

如果頂樓是沒有安裝天花板的空間，就算範圍狹小，只要在規劃上多花一點心思，就能有效提升居住的品質。首先就從檢視住宅各房間的立體圖開始做起吧！

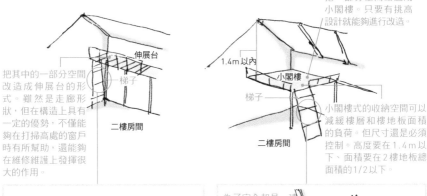

最大限度地利用牆壁和柱子

牆壁的基礎知識——牆壁是在柱子的基礎上建成的

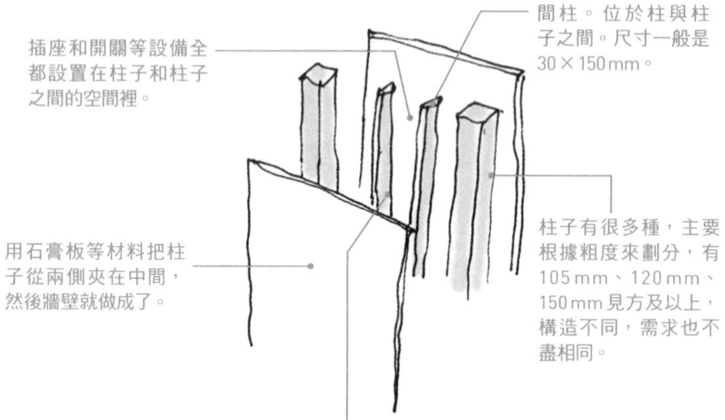
插座和開關等設備全都設置在柱子和柱子之間的空間裡。
間柱。位於柱與柱子之間。尺寸一般是30×150mm。
用石膏板等材料把柱子從兩側夾在中間，然後牆壁就做成了。
柱子有很多種，主要根據粗度來劃分，有105mm、120mm、150mm見方及以上，構造不同，需求也不盡相同。

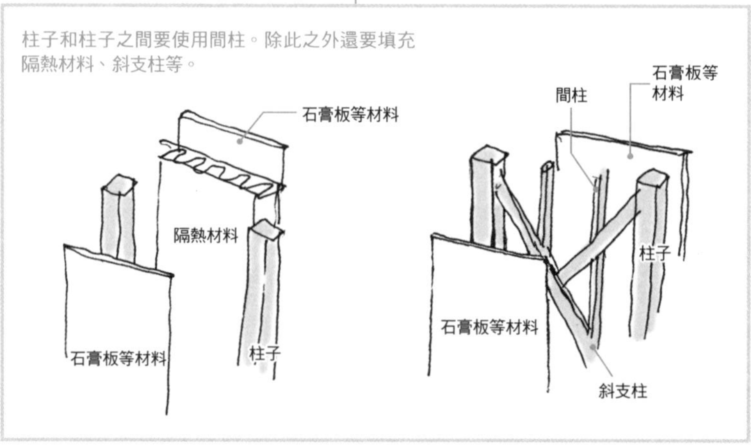
柱子和柱子之間要使用間柱。除此之外還要填充隔熱材料、斜支柱等。
石膏板等材料
隔熱材料
石膏板等材料
柱子
間柱
石膏板等材料
柱子
石膏板等材料
斜支柱

牆壁和柱子對房屋來說有著非常重要的作用，既能夠在地震和颱風等自然災害中保護房屋不受損害，同時還是隔熱、隔音、配線等相關設施的通道。

但是，其實在住宅中還有很多類似這樣的閒置空間。乍看之下似乎跟收納一點關係都沒有，只要花點巧思，就能成為用途很廣的便利空間。

請您試著考慮一下怎樣利用牆壁和柱子來收納物品吧。如果妥善運用的話，至少能獲得100㎜左右的額外空間。

利用柱子和牆壁來進行收納

把走廊的牆壁改造成收納櫃

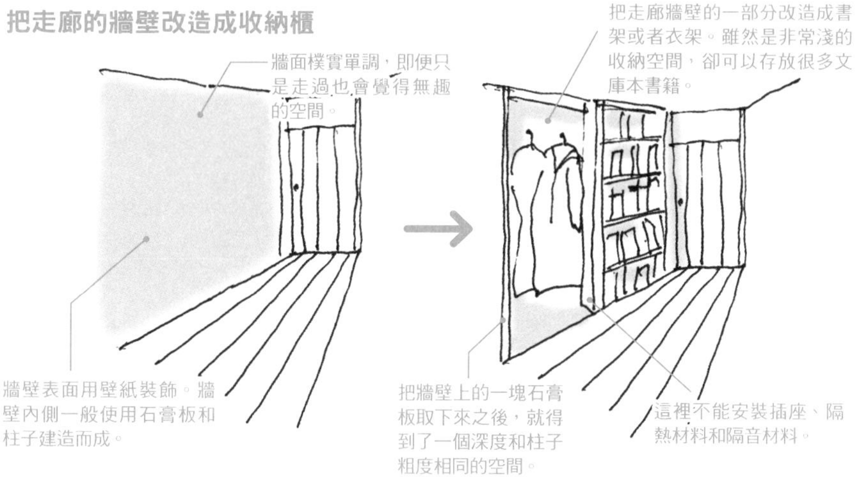
牆面樸實單調，即便只是走過也會覺得無趣的空間。
牆壁表面用壁紙裝飾。牆壁內側一般使用石膏板和柱子建造而成。
把走廊牆壁的一部分改造成書架或者衣架。雖然是非常淺的收納空間，卻可以存放很多文庫本書籍。
把牆壁上的一塊石膏板取下來之後，就得到了一個深度和柱子粗度相同的空間。
這裡不能安裝插座、隔熱材料和隔音材料。

收納架的製作方法

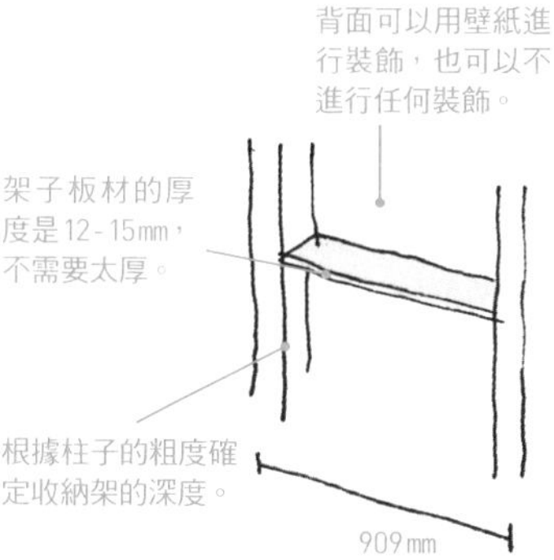
背面可以用壁紙進行裝飾，也可以不進行任何裝飾。
架子板材的厚度是12-15mm，不需要太厚。
根據柱子的粗度確定收納架的深度。
909mm

柱子的粗度如果是105mm，正好可以存放文庫本書籍，柱子的粗度如果是120mm，就正好可以存放新書尺寸書籍，如果柱子的粗度是150mm以上，正好可以存放CD。

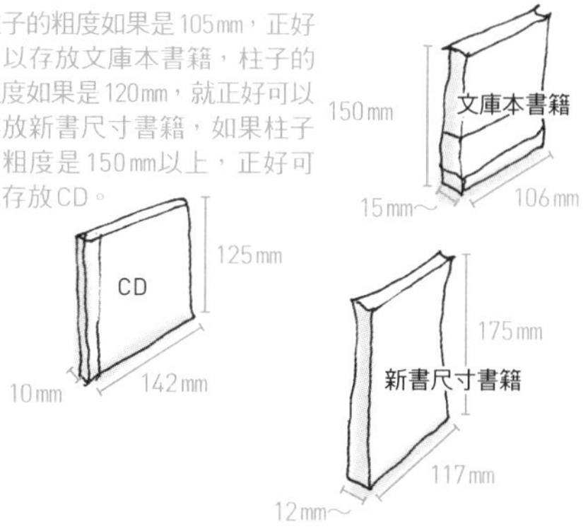
文庫本書籍
150mm
15mm～
106mm
CD
125mm
10mm
142mm
新書尺寸書籍
175mm
117mm
12mm～

收納空間以外的用途

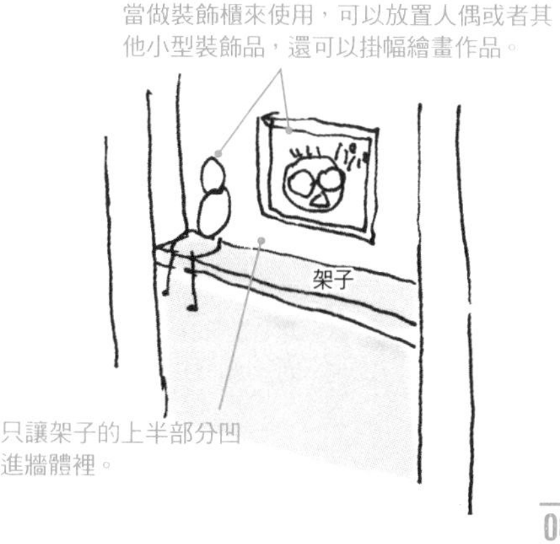
當做裝飾櫃來使用，可以放置人偶或者其他小型裝飾品，還可以掛幅繪畫作品。
架子
只讓架子的上半部分凹進牆體裡。

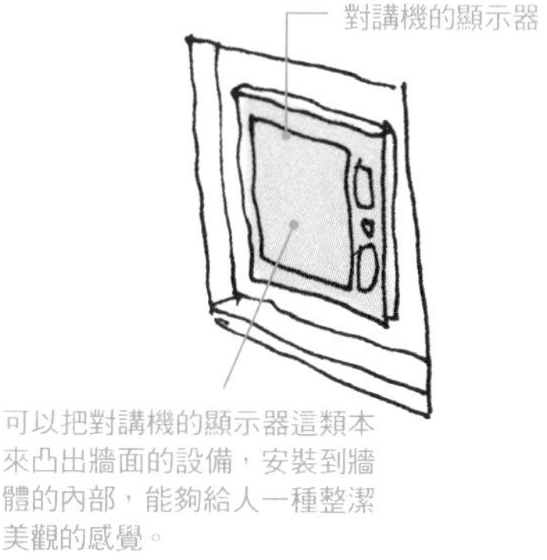
對講機的顯示器
可以把對講機的顯示器這類本來凸出牆面的設備，安裝到牆體的內部，能夠給人一種整潔美觀的感覺。

運用收納櫃和家具充當隔間

和其他房間部分相連的結構

兒童房1
兒童房2

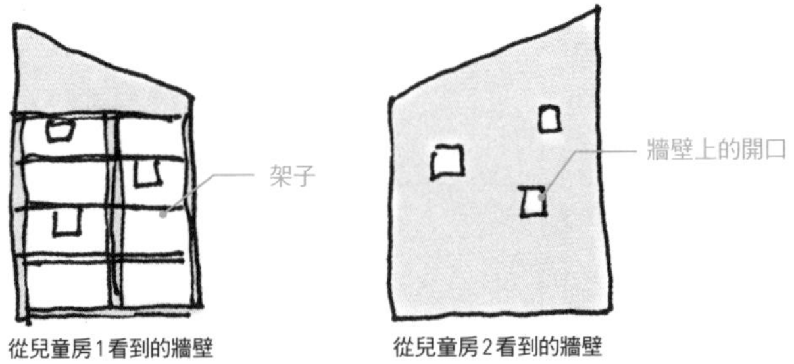
架子
牆壁上的開口
從兒童房1看到的牆壁
從兒童房2看到的牆壁

用牆壁收納櫃隔開來的兩個兒童房。只要在牆壁收納櫃上面開一些小窗戶，兩個房間就能有所連結了。

要將一個房間區隔出不同的空間時，並不是只能使用牆壁（隔間牆），活用收納櫃和家具也是一種作法。

在使用家具或者收納櫃來間隔房間的情況下，能夠很容易的調整兩個空間之間的聯繫。如果用於間隔兩個房間的家具本身高度較低，那麼兩個房間之間的聯繫就更加強烈，能夠產生縱深的效果。如果高度跟隔間牆一樣高，那麼兩個房間之間的聯繫自然就薄弱很多。話雖然這麼說，但家具跟牆壁相比，加工起來畢竟簡單容易的多。只要在上面設置一些小開口，瞬間兩個房間之間就有了親密的連結。不僅居住在兩個房間裡的人能夠相互看到對方，而且還能夠為空間增添不少樂趣。

開放式收納櫃把兩個房間區隔開來 — 例如用於客廳和餐廳之間的家具

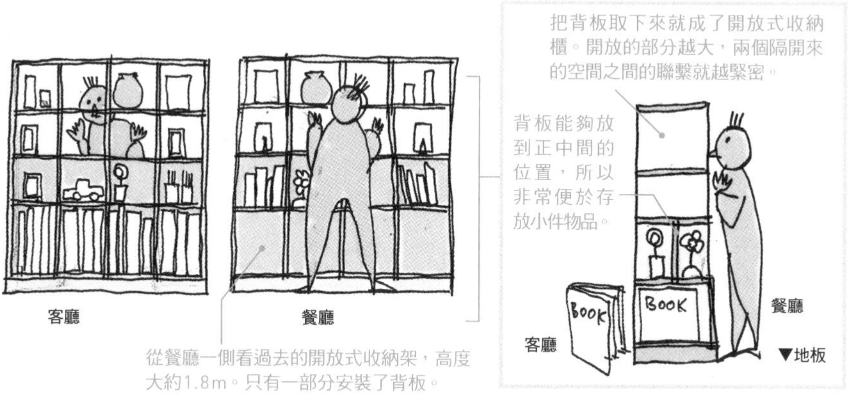
把背板取下來就成了開放式收納櫃。開放的部分越大，兩個隔開來的空間之間的聯繫就越緊密。
背板能夠放到正中間的位置，所以非常便於存放小件物品。
客廳
餐廳
從餐廳一側看過去的開放式收納架，高度大約1.8m。只有一部分安裝了背板。
BOOK
BOOK
客廳
餐廳
▼地板

用雙層床當隔間牆 — 例如用於區隔兩個兒童房

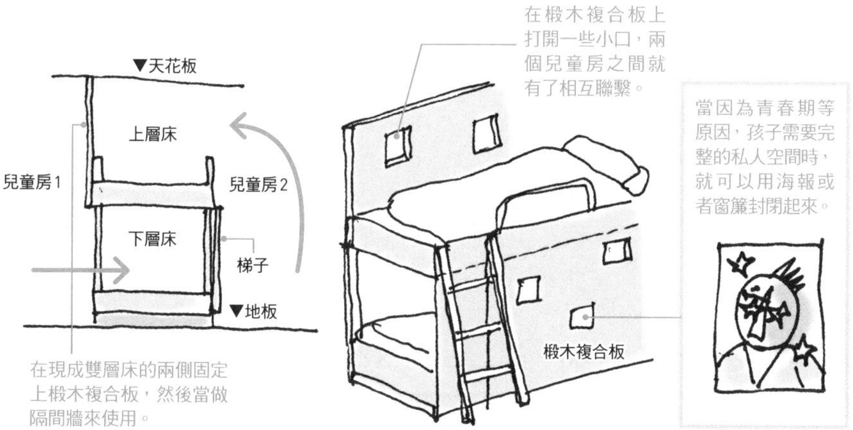
▼天花板
上層床
兒童房1
兒童房2
下層床
梯子
▼地板
在現成雙層床的兩側固定上椴木複合板，然後當做隔間牆來使用。
在椴木複合板上打開一些小口，兩個兒童房之間就有了相互聯繫。
椴木複合板
當因為青春期等原因，孩子需要完整的私人空間時，就可以用海報或者窗簾封閉起來。

也有能夠相互連通的牆壁 — 例如用於區隔兒童房和母親的房間

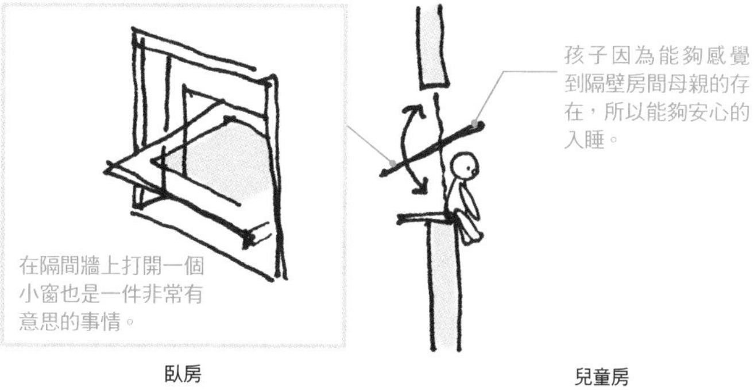
在隔間牆上打開一個小窗也是一件非常有意思的事情。
孩子因為能夠感覺到隔壁房間母親的存在，所以能夠安心的入睡。
臥房
兒童房

更加靈活自如地使用牆壁

多功能牆壁

兼具收納和防止掉落的功能

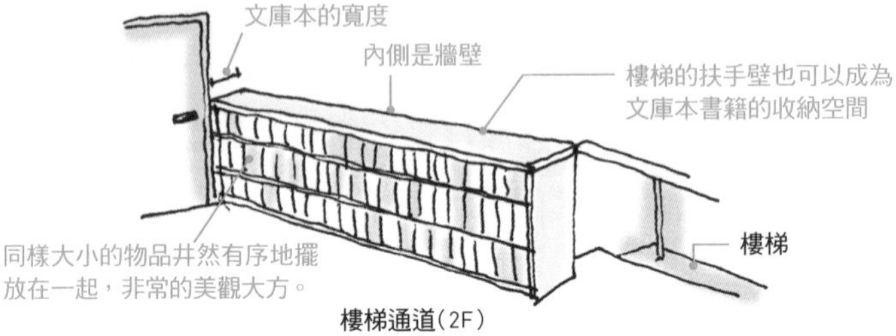
文庫本的寬度
內側是牆壁
樓梯的扶手壁也可以成為文庫本書籍的收納空間
樓梯
同樣大小的物品井然有序地擺放在一起，非常的美觀大方。
樓梯通道（2F）

玄關旁邊的扶手壁用鞋櫃來代替

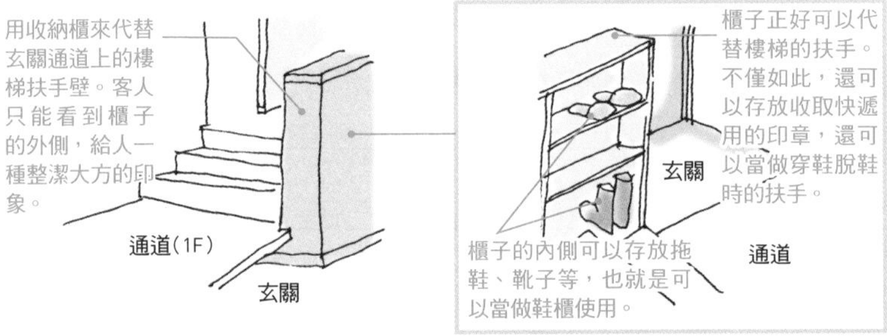
用收納櫃來代替玄關通道上的樓梯扶手壁。客人只能看到櫃子的外側，給人一種整潔大方的印象。
通道（1F）
玄關
櫃子正好可以代替樓梯的扶手。不僅如此，還可以存放收取快遞用的印章，還可以當做穿鞋脫鞋時的扶手。
玄關
通道
櫃子的內側可以存放拖鞋、靴子等，也就是可以當做鞋櫃使用。

遮擋視線用的牆

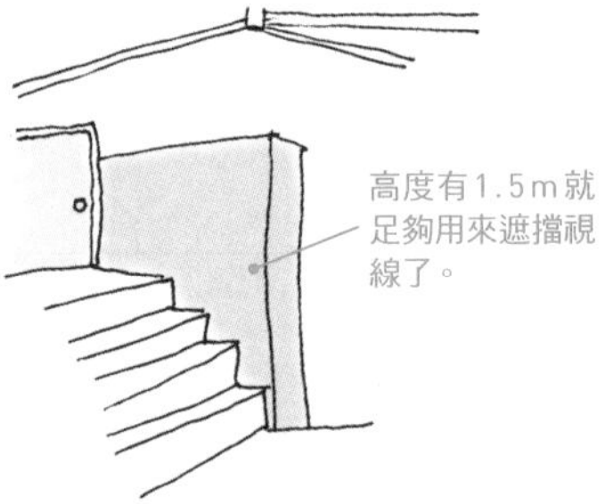
高度有1.5m就足夠用來遮擋視線了。

透過分割製造空間感

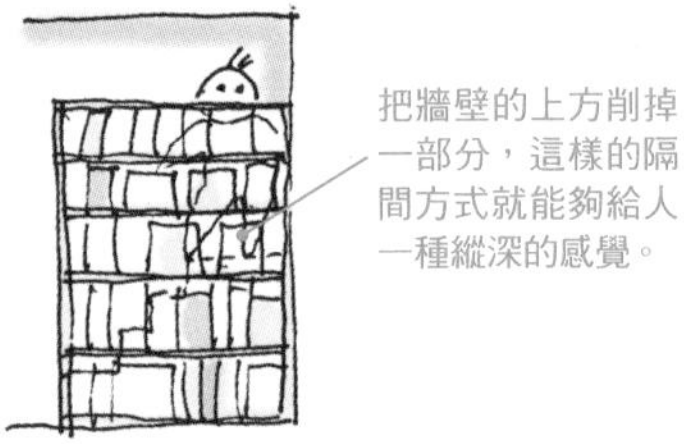
把牆壁的上方削掉一部分，這樣的隔間方式就能夠給人一種縱深的感覺。

一般來說，牆壁是支撐建築物的構造體之一。除此之外，牆壁還有很多其他用途。當牆壁內填充了隔熱材料時，它就和保持房間的熱度產生了關係，當把插座和開關盒等設備埋入牆壁內時，它又和設備產生了關聯。事實上，牆壁的很多功能都是我們從表面上看不見的。

另外，還有一種用家具做成的牆壁。它們不僅具有收納物品的功能，還能夠提供區隔房間和遮蔽視線的功能，同時還具有隔音吸音的效果。

讓我們把牆壁看做一種便利的工具，嘗試靈活運用它的各種功能吧。

各式各樣的可移動式大型收納櫃

移動式壁櫥

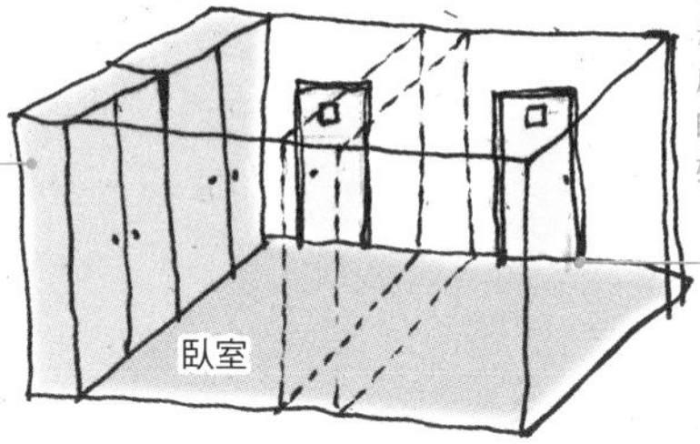
臥室
把可移動式壁櫥移到牆壁側，就能創造出大型空間。
當孩子還小的時候，父母和孩子睡覺時一般成川字型，所以對臥室的空間要求就是越大越好。

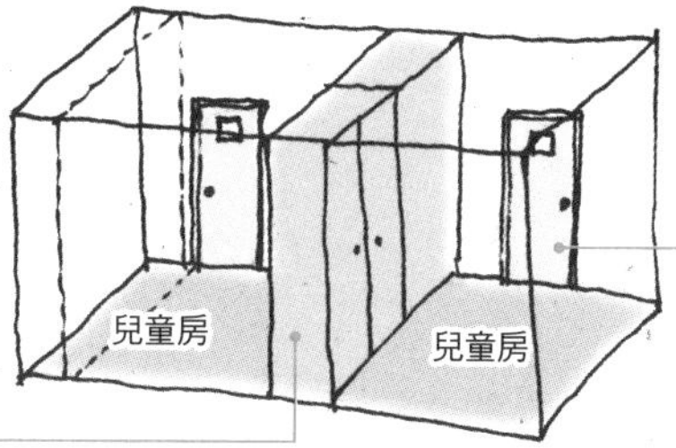
兒童房
兒童房
一開始就要把劃分空間這件事作為預定計畫，在建設房屋的時候就給房間設置兩個出入口。
當孩子長大一些需要分房時，就把壁櫥拉出來當隔間牆用。

可移動式書架

後面的書架是固定式的
只有前面這個書架是可以移動的。因為書架的深度很淺，所以可以把書架前後組合起來使用，這樣就能夠增加收納的數量。

根據生活需要而移動位置的收納牆

像推車這樣的移動式收納，也同樣能展現在「建築規模」的層次。同樣，把牆壁上的收納櫃全都設置成可移動式也並非難事。如果牆面收納櫃全都能夠輕鬆移動，那麼房間的大小就能夠隨心所欲的變換了。

人們的生活方式並不是一成不變的。而且家庭成員的數量也是隨著時間增減的。如果能夠根據生活的變化有彈性地改變房間的佈局，那就更能接近理想狀態了。

對於那些喜歡讀書的人們，我建議你們使用收納量很大的可移動式書架。什麼樣的家具採用可移動式的較好，關於這個問題的思考本身就是一件很有意思的事情。

不要完全耗盡空間

讓空間一下子看起來寬敞明亮的方法

雖然很狹小，但讓人感覺很寬敞

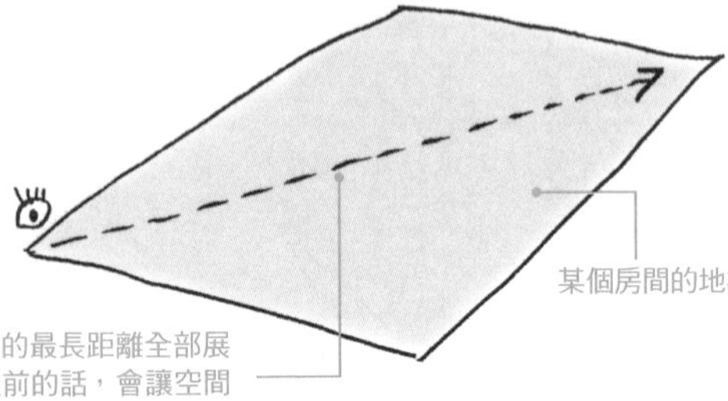
某個房間的地板
把家裡的最長距離全部展現在眼前的話，會讓空間看起來寬敞很多。

把房間外面的景色搬進房間裡來

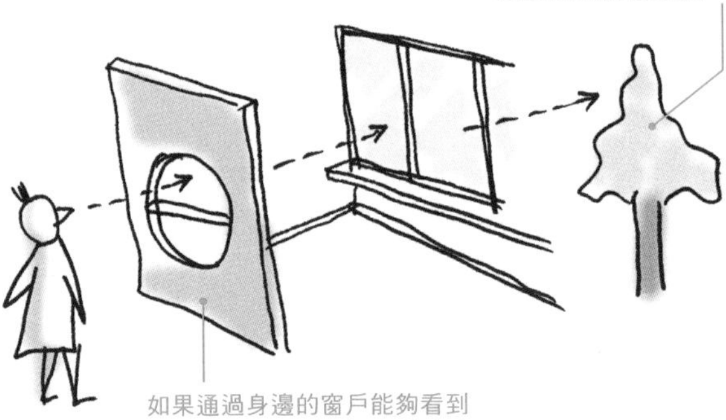
如果通過窗戶能夠看到外面的景色，視線所能夠達到的距離就會延長，這種開放感要比想像的還要強烈。
如果通過身邊的窗戶能夠看到前方的景色，那麼房間裡的空間也會顯得寬敞很多，這一點在裝修房間的時候應該好好利用。

為了讓居住環境看起來整潔美觀，我們會努力尋找家裡所有的閒置空間，然後用來收納物品。這是打造幸福居家的第一步。然而，特意想方設法創造出一些間隙，讓空間看起來比實際的面積寬敞，進而增加居住環境整體的美觀度，這是更進一步的方法。

建築設計師宮脇檀曾經說過，專門在家裡創造出一個空間，讓位於這個空間裡的人能夠從房間的這一端看到對面的另一端，就會給人一種錯覺，讓人覺得房間要比實際的面積寬敞。與其把從天花板到牆壁的所有空間都改造成收納空間，不如在隔間牆上開一個視窗，讓視線能夠從這個房間穿透到另外一個空間裡去，擴大我們的視野。從這個意義上來說，把家裡的所有空間都使用到極致並不是一個很好的主意呢。

把上面的空間空出來，一下子變得整潔清爽起來

特意製造空白的收納方法

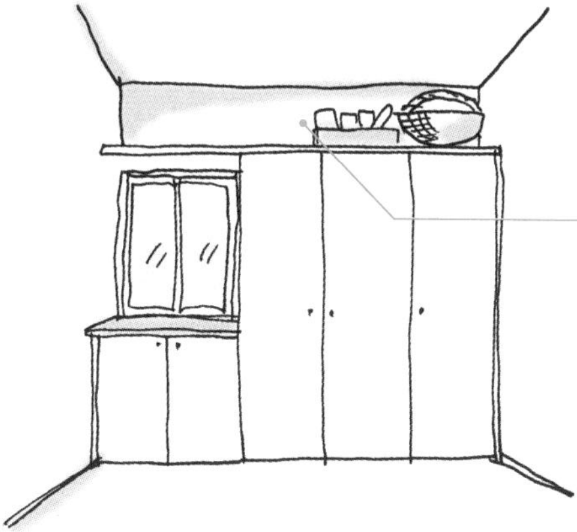

特意留出一定的閒置空間。不要放太多東西，這一點非常重要。

手搆不到的地方不需要放東西

對於那些手搆不到的收納空間，與其存放一些物品，還不如讓它空閒在那裡更好，因為閒置會讓整個房間看起來更加清爽整潔。

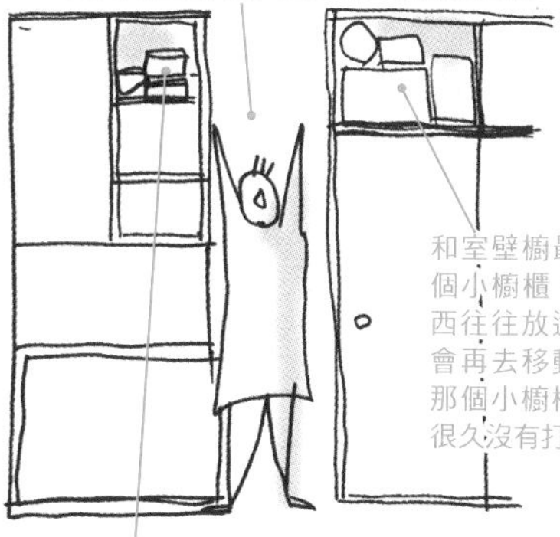

和室壁櫥最上面有一個小櫥櫃。裡面的東西往往放進去後就不會再去移動。你家的那個小櫥櫃是不是也很久沒有打開過了？

吊櫃的上部很高，腳底下不踩著什麼東西的話，就沒辦法把東西放進去或者取出來。如果放了東西在裡面，地震的時候還會從裡面掉落下來成為凶器。

視線能夠穿透的家具

隔間用的家具上方閒置不用，就會給人一種「再往後還有很大空間」的感覺。

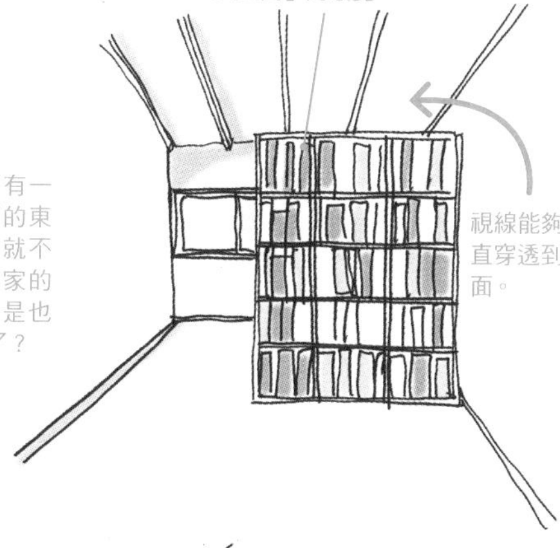

視線能夠一直穿透到後面。

傳統的空白體現在壁龕的使用上

特意留出一定的閒置空間這一做法還體現在「壁龕」的使用上。可以說是有意義的「奢侈」吧。

COLUMN 2

向夏克式家具的設計學習

夏克式（Shaker Design）家具誕生於18世紀後期到19世紀初的美國·新英格蘭地區。它們的創作者是堅持「美的最終歸宿是實用性」的夏克教徒。在排除過多裝飾的簡單樸素設計中，機能美卻一點都沒有減少。

追求完全滿足生活需求的簡單、直接、堅固的機能美，這種概念肯定也能活用在現代住宅的設計理念。

在收納的功能中發現美

夏克式手工藝

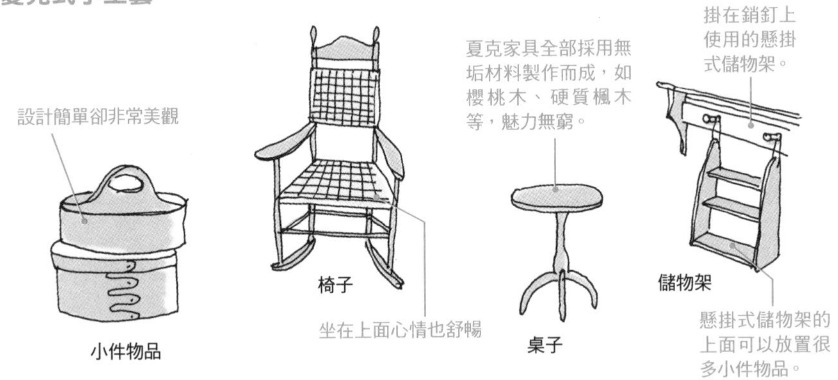
設計簡單卻非常美觀
小件物品
椅子
坐在上面心情也舒暢
夏克家具全部採用無垢材料製作而成，如櫻桃木、硬質楓木等，魅力無窮。
桌子
掛在銷釘上使用的懸掛式儲物架。
儲物架
懸掛式儲物架的上面可以放置很多小件物品。

夏克風格的房間

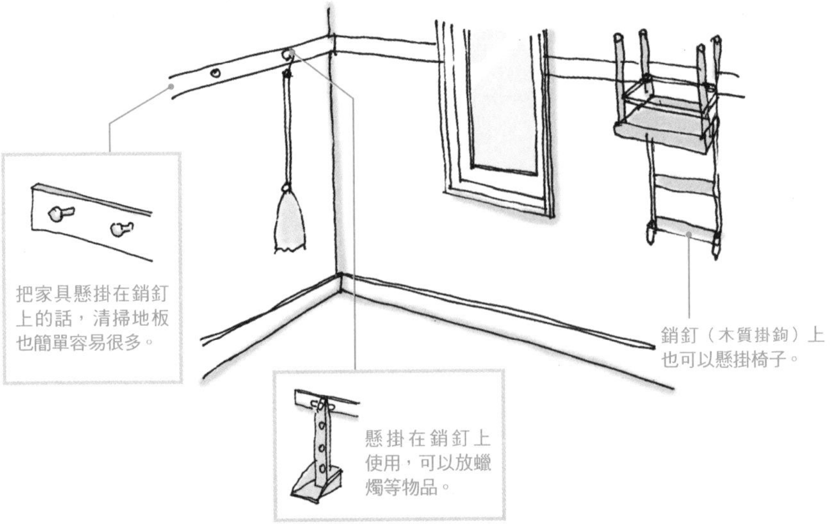
把家具懸掛在銷釘上的話，清掃地板也簡單容易很多。
懸掛在銷釘上使用，可以放蠟燭等物品。
銷釘（木質掛鉤）上也可以懸掛椅子。

第3章

從順利做家事開始塑造居家環境

玄關能給人親切感的話，就能收拾得整潔乾淨

常見的雜亂玄關景象

根本沒有正式的收納場所，各種物品就那麼隨手扔在那裡。
玄關
Coop
Coop
物品定期購買，卻沒有專門找地方收納，就那麼堆積在門廊裡……
門口
因為沒有什麼地方存放，所以鞋子放得到處都是。
三輪車、水桶等孩子的玩具散落得滿地都是。

從招待客人的角度來說，門口周圍可以說是「一個家的臉面」。然而，門的內側（玄關）和外側（門口）通常都是呈現一個狹小空間中散亂著各種小東西的景象。會有這種情況，主要是因為玄關一帶的擺設未能妥善規劃的關係。

例如，放雨傘的架子最好玄關內外各放一個，因為沒有人會喜歡把濕透的雨傘帶進家裡。如果大門裡面放一個凳子，脫鞋穿鞋的時候會比較方便，如果大門外面也放一個凳子，帶重物回家的時候，開門之前可以在這個凳子上暫放，實用性非常高。如果用心注意這些小細節，那麼玄關周圍自然而然就會變得整潔乾淨了吧。

把大門內側和外側都佈置得親切起來吧

具有開放感的門廊

使用木質格子結構牆把視線遮住。這樣既能夠避免從外面一眼就能看到內部，還能夠適度地增加住宅整體的開放度，讓人心情舒暢。

大門

把雨傘懸掛在U字形五金配件上。

能夠放置物品和包的長凳。有時候還能夠當做裝飾架使用。

有收納櫃的門口

把信箱、門牌、對講機都集中安裝在一個地方，這樣能給人一種清爽的感覺。

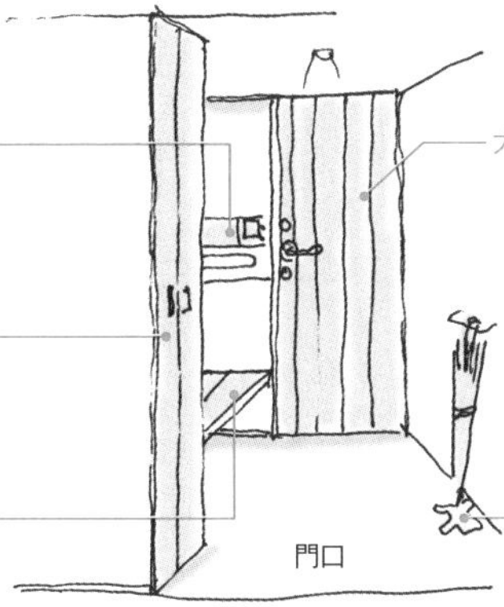

大門

有個收納櫃，就能夠把門口周圍的環境收拾得非常乾淨。

在門廊裡設置一個雨傘架，這樣被雨淋濕的雨傘就不用拿進屋裡了。

長凳還可以當做裝飾架使用。

簡潔型門口（大門內側）

最好也安裝一個衣架

值得注意的是，如果鞋櫃的容量太小的話，鞋子之後就會散落在門口一帶。

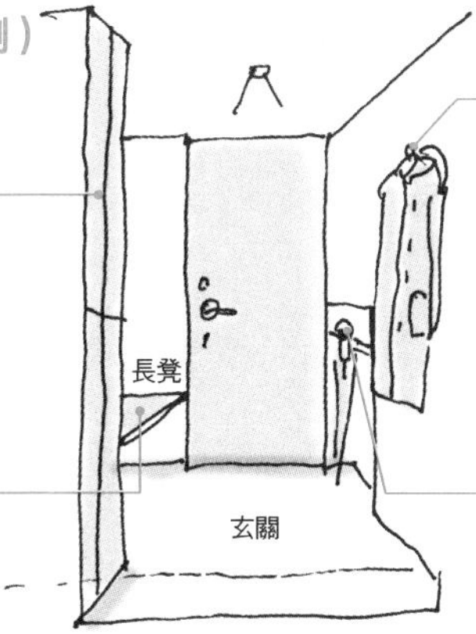

長凳的作用是能夠坐下來穿鞋。

設置在壁龕裡的雨傘架。無論是存放還是取出都非常方便，而且不會成為障礙。我們設置收納空間的目的之一，就是不要隨便亂放多餘的東西。

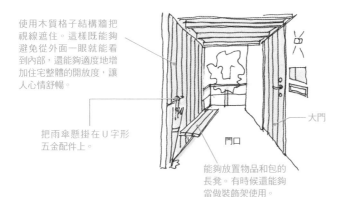

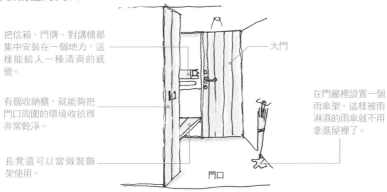

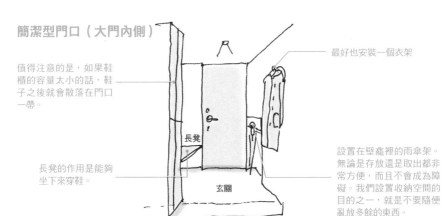

不要讓玄關被鞋子佔滿

公寓式住宅內鞋櫃的實際情況

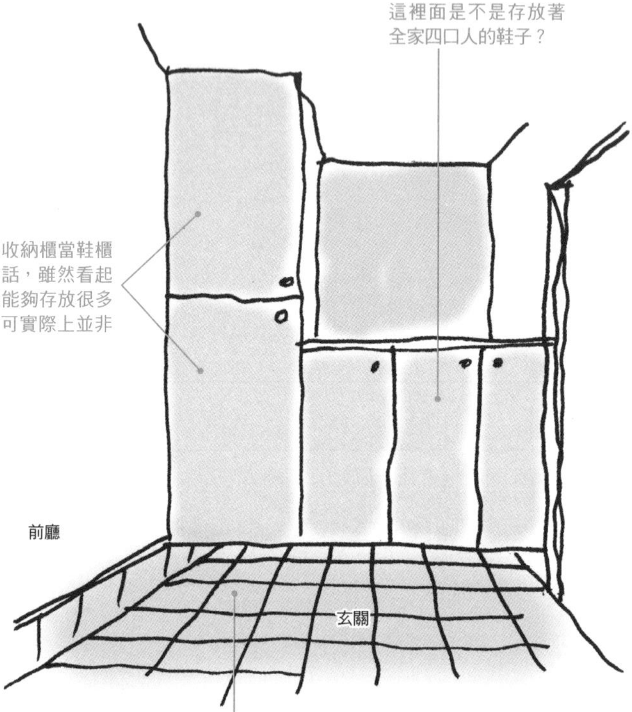
這裡面是不是存放著全家四口人的鞋子？
把長型收納櫃當鞋櫃使用的話，雖然看起來好像能夠存放很多鞋子，可實際上並非如此。
前廳
玄關
如果鞋櫃裡放不下，那麼鞋子就會散亂在玄關各處。

位於玄關的鞋櫃，如果鞋櫃的容量不夠，那麼放不進去的鞋子就會散落四處，淩亂不堪。要想解決這個問題，首先要掌握好全家人所擁有的鞋子的數量。那些非當季的鞋子，可以把它們放進鞋盒後再放到其他地方保存。當然別忘了一件事，那就是鞋盒裡必須得放乾燥劑。

玄關一帶需要收拾好的不只有鞋子，像是擦鞋用具、雨傘、雨衣、高爾夫球具等大件小件的各種東西總是佔據有限的空間。包含鞋櫃在內，我們需要更充足的收納空間。這個時候，就要利用裝飾架等剩餘空間，讓狹窄的玄關也能顯得整齊有序。

公寓式住宅的玄關收納容量到底有多大？

只有鞋櫃肯定是不夠用

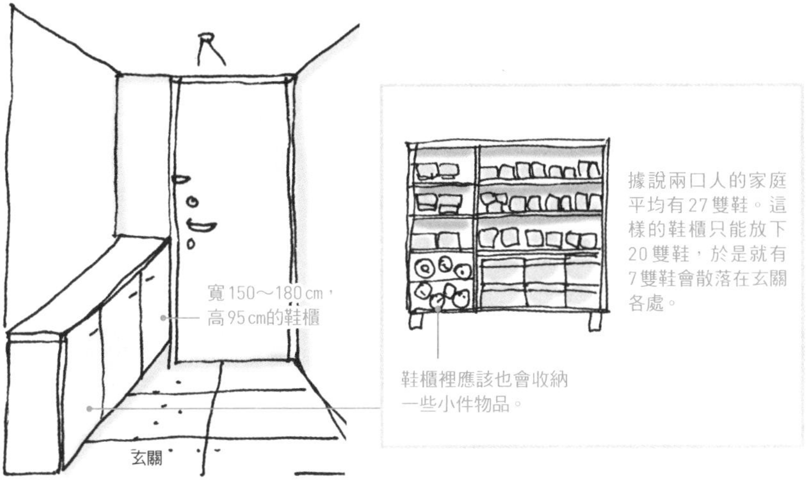
寬150～180cm，
高95cm的鞋櫃
玄關
據說兩口人的家庭平均有27雙鞋。這樣的鞋櫃只能放下20雙鞋，於是就有7雙鞋會散落在玄關各處。
鞋櫃裡應該也會收納一些小件物品。

鞋櫃＋收納也還是不夠用

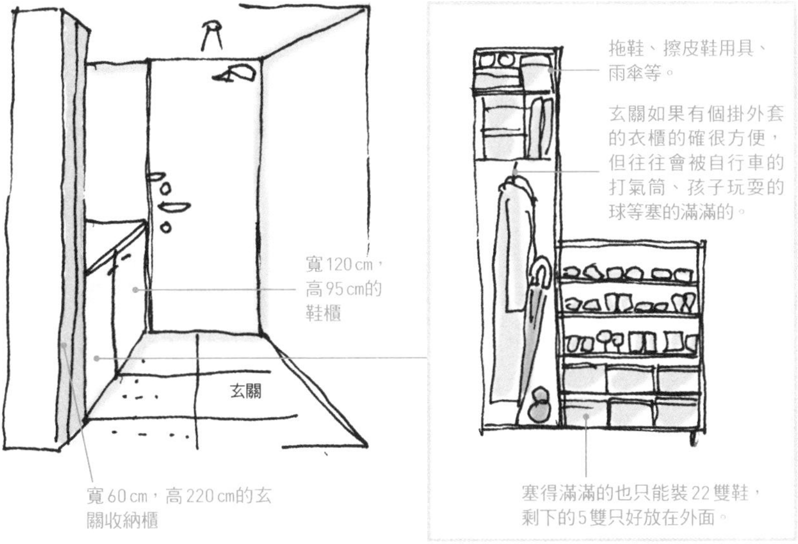
寬120cm，
高95cm的
鞋櫃
玄關
寬60cm，高220cm的玄關收納櫃
拖鞋、擦皮鞋用具、雨傘等。
玄關如果有個掛外套的衣櫃的確很方便，但往往會被自行車的打氣筒、孩子玩耍的球等塞的滿滿的。
塞得滿滿的也只能裝22雙鞋，剩下的5雙只好放在外面。

這些都是被塞得滿滿，剛好夠用的鞋櫃

高爾夫球袋、雨傘等
收納空間。
非常珍愛的鞋子要放進
鞋盒裡擺放起來，鞋盒
裡一定要放乾燥劑。
作為裝飾架使用
擺放平日穿
的鞋子。
最下面存放帶
泥巴的鞋子。
長筒靴、皮靴等放
在最下面一層。
備用的雨傘架

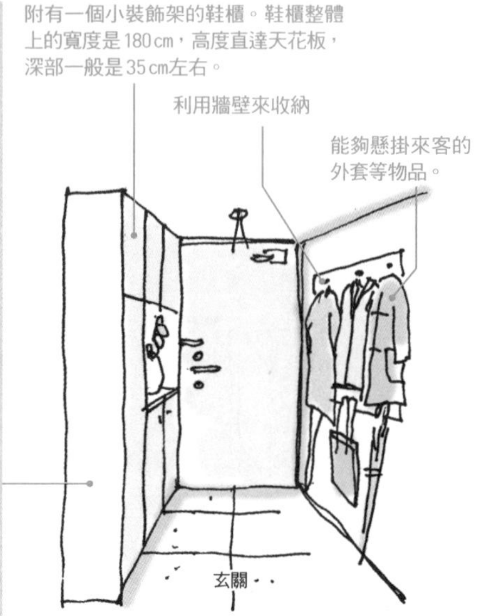
附有一個小裝飾架的鞋櫃。鞋櫃整體
上的寬度是180㎝，高度直達天花板，
深部一般是35㎝左右。
利用牆壁來收納
能夠懸掛來客的
外套等物品。
玄關

自己動手製造鞋櫃

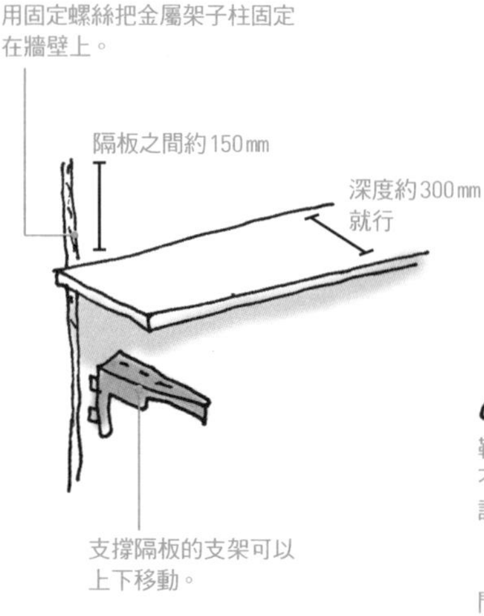
用固定螺絲把金屬架子柱固定
在牆壁上。
隔板之間約150㎜
深度約300㎜
就行
支撐隔板的支架可以
上下移動。

擦皮鞋用品也是必備物品

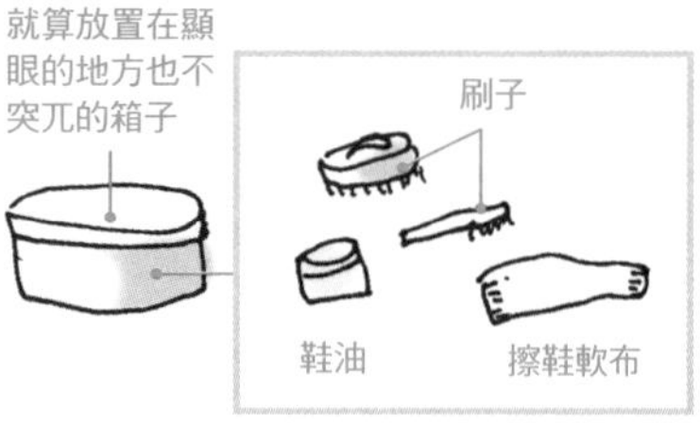
就算放置在顯
眼的地方也不
突兀的箱子
刷子
鞋油
擦鞋軟布

把鞋子的保養用品一起存放在箱子裡，然後放在適合的地方。

鞋撐也是保養鞋子必不可少的物品，所以請一起放入鞋櫃。

丹麥的有個廠家生產的小凳子很小，一隻手就能夠拎起來，非常方便，特此推薦。

門口就算沒有長凳，放個小凳子也行，能夠讓我們在穿鞋或者擦皮鞋的時候更加輕鬆。

最理想的是有 2 個通道的玄關

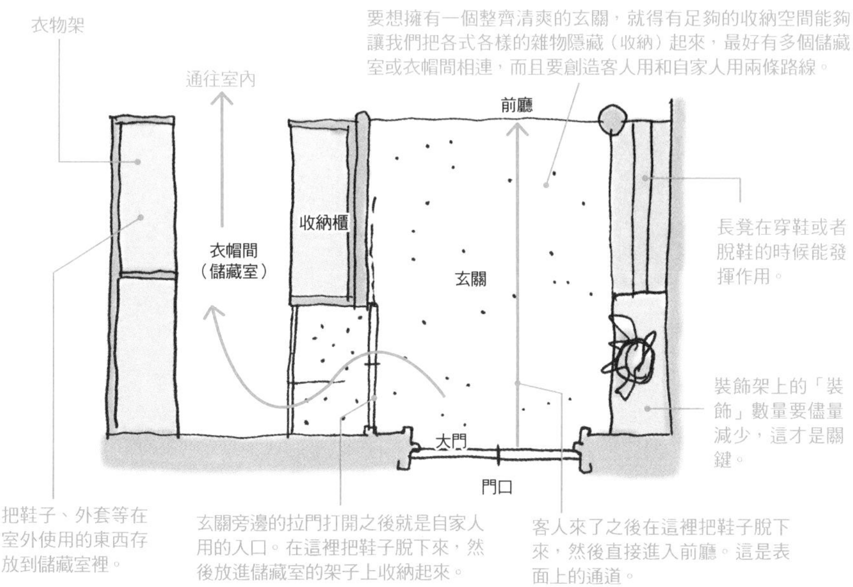
衣物架
通往室內
前廳
要想擁有一個整齊清爽的玄關，就得有足夠的收納空間能夠讓我們把各式各樣的雜物隱藏（收納）起來，最好有多個儲藏室或衣帽間相連，而且要創造客人用和自家人用兩條路線。
收納櫃
衣帽間
（儲藏室）
玄關
長凳在穿鞋或者脫鞋的時候能發揮作用。
裝飾架上的「裝飾」數量要儘量減少，這才是關鍵。
大門
門口
把鞋子、外套等在室外使用的東西存放到儲藏室裡。
玄關旁邊的拉門打開之後就是自家人用的入口。在這裡把鞋子脫下來，然後放進儲藏室的架子上收納起來。
客人來了之後在這裡把鞋子脫下來，然後直接進入前廳。這是表面上的通道。

利用樓梯下的空間實現大容量的玄關收納

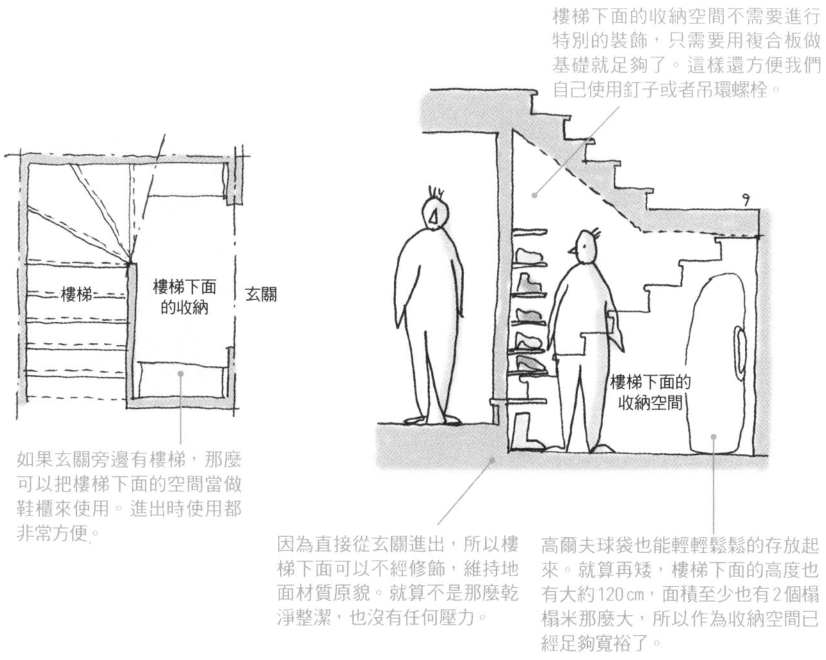
樓梯下面的收納空間不需要進行特別的裝飾，只需要用複合板做基礎就足夠了。這樣還方便我們自己使用釘子或者吊環螺栓。
樓梯
樓梯下面
的收納
玄關
樓梯下面的
收納空間
如果玄關旁邊有樓梯，那麼可以把樓梯下面的空間當做鞋櫃來使用。進出時使用都非常方便。
因為直接從玄關進出，所以樓梯下面可以不經修飾，維持地面材質原貌。就算不是那麼乾淨整潔，也沒有任何壓力。
高爾夫球袋也能輕輕鬆鬆的存放起來。就算再矮，樓梯下面的高度也有大約120cm，面積至少也有2個榻榻米那麼大，所以作為收納空間已經足夠寬裕了。

室內用鞋子是收納的盲點

上面和下面到處都是鞋子的雜亂玄關

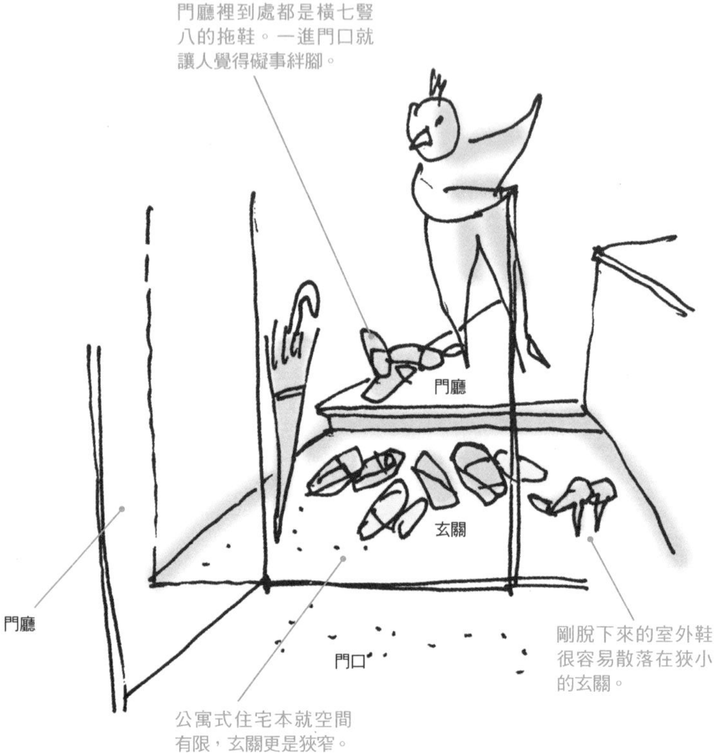
門廳裡到處都是橫七豎八的拖鞋。一進門口就讓人覺得礙事絆腳。
門廳
玄關
門廳
門口
剛脫下來的室外鞋很容易散落在狹小的玄關。
公寓式住宅本就空間有限，玄關更是狹窄。

在建設住宅的時候我們一般會提前確認室外鞋的數量，但有多少人記得評估室內鞋呢？

日本本來就是一個溫度高濕氣大的國家，所以穿著鞋子進入室內的生活方式並不適合這樣的氣候條件。絕大多數日本人習慣在玄關把室外鞋脫下來，換上室內鞋後再進入房間。家裡的拖鞋不僅有夏天穿的和冬天穿的之分，還有專門為客人準備的，數量出乎意料的多。因此，我們就不得不考慮為拖鞋找一個專門的收納空間。雖然室內鞋看起來並不那麼顯眼，但如果沒有妥善收拾，很容易散落四處，所以必須採取相應的措施才行。如果沒有專門的收納空間，也可以把它們放進籃子裡找個地方存放起來。

各式各樣的拖鞋收納工具

放進籃子裡

籃子雖然不是專門收納拖鞋的工具，但視覺上非常美觀。

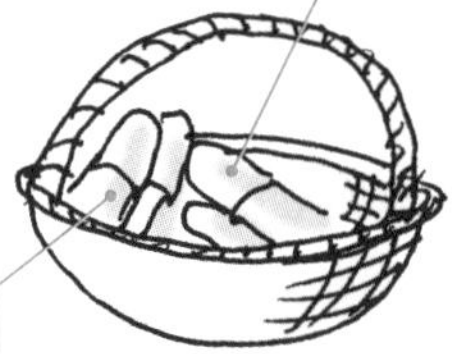

開放式收納同時還是應對濕氣的好辦法，不過籃子裡面的底部要經常打掃乾淨才行。

放進裝酒用的木質箱子裡

把拖鞋放進去的時候要上下重疊起來存放，不要弄得亂七八糟的。

利用存放室外鞋的鞋櫃部分空間存放拖鞋

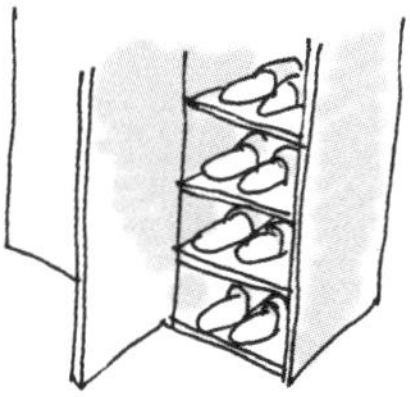

如果鞋櫃裡沒有足夠空間了，一定要優先存放室外穿的鞋子。

使用裝飾架的部分空間存放拖鞋

並非一定要把拖鞋收納在玄關周圍才行。走廊或者樓梯的附近都可以。

放進專門的拖鞋收納櫃裡

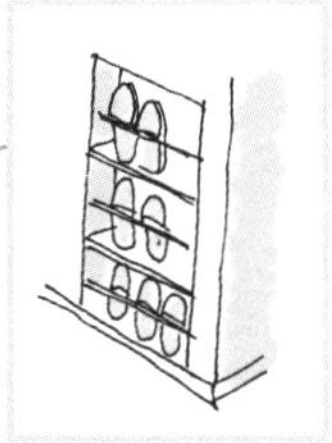

專門的拖鞋收納櫃每一層的高度只需要10 cm左右就可以，深度也不需要太深。

深度只需要一面牆的寬度就行，設置起來並不複雜。

疊放拖鞋的正確方法

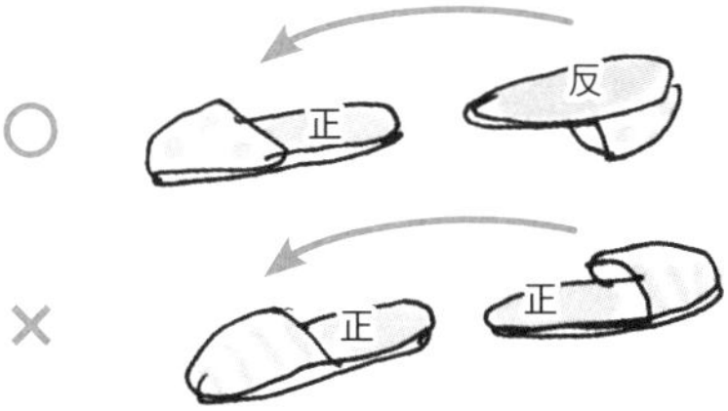

拖鞋這種物品由相互獨立的兩隻組成，所以收納的時候要重疊起來存放。

因為會把另一隻拖鞋的裡面弄得更髒，所以下面這種疊放方法不好。

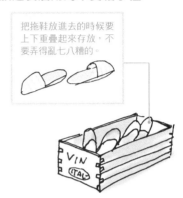

玄關空間實用的小型櫃檯

這姿勢看起來也不錯嗎？

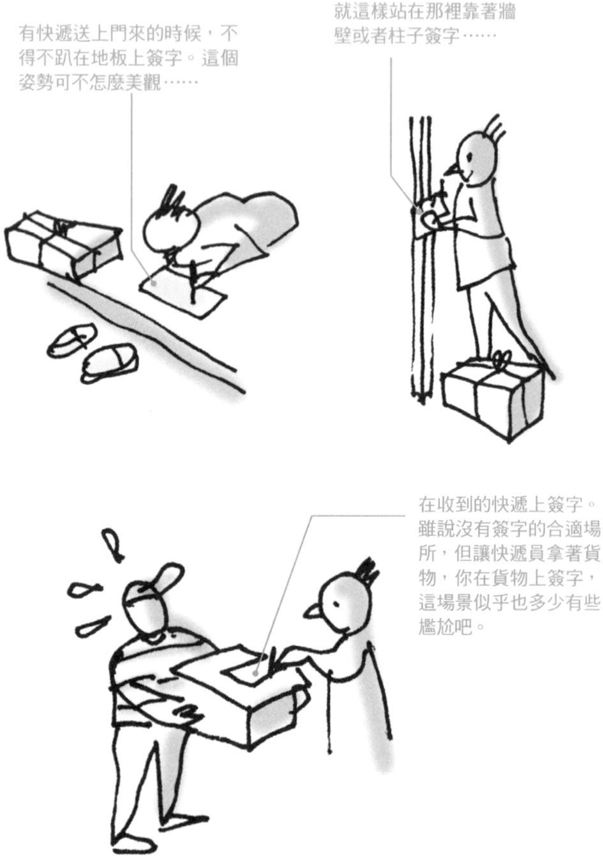
有快遞送上門來的時候，不得不趴在地板上簽字。這個姿勢可不怎麼美觀……
就這樣站在那裡靠著牆壁或者柱子簽字……
在收到的快遞上簽字。雖說沒有簽字的合適場所，但讓快遞員拿著貨物，你在貨物上簽字，這場景似乎也多少有些尷尬吧。

在現今的社會，網路購物已經成為普遍現象，因此收取快遞也成了每個家庭日常生活的一部分。但是，你家門口設置了能在收取快遞時用於簽字的櫃檯嗎？還是每次都湊合靠在牆壁上或者柱子上簽字呢？

要想每天的生活都過得輕鬆愉快，家裡的每一個角落都應該細心留意，並且花費心思進行整理才行。要是也能考慮到簽字的場所問題，收取快遞時自然能更加方便順暢。

日常生活中每一個的動作，都是構成我們輕鬆快樂生活的一部分。

小小的櫃檯讓我們的日常生活變得更加美好

像裝飾架一樣的櫃檯

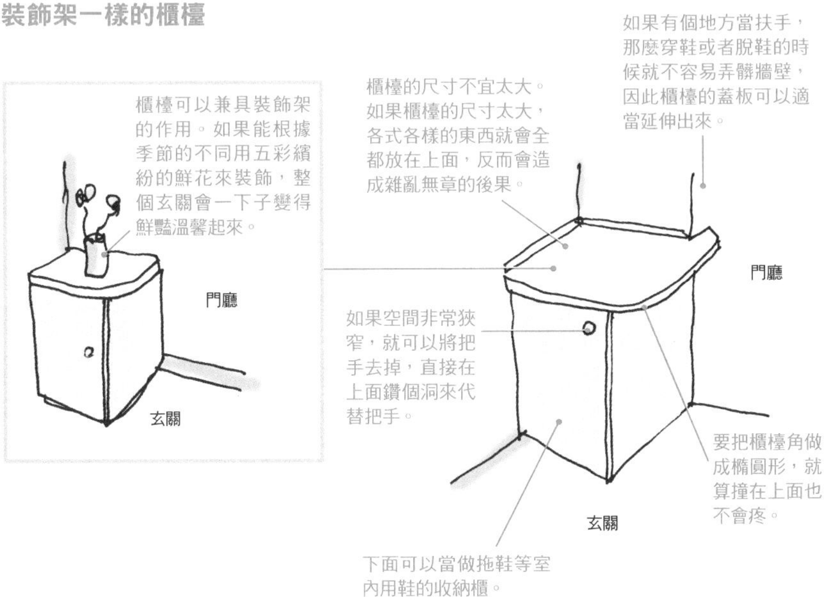
櫃檯可以兼具裝飾架的作用。如果能根據季節的不同用五彩繽紛的鮮花來裝飾，整個玄關會一下子變得鮮豔溫馨起來。
門廳
玄關
櫃檯的尺寸不宜太大。如果櫃檯的尺寸太大，各式各樣的東西就會全都放在上面，反而會造成雜亂無章的後果。
如果有個地方當扶手，那麼穿鞋或者脫鞋的時候就不容易弄髒牆壁，因此櫃檯的蓋板可以適當延伸出來。
門廳
如果空間非常狹窄，就可以將把手去掉，直接在上面鑽個洞來代替把手。
要把櫃檯角做成橢圓形，就算撞在上面也不會疼。
玄關
下面可以當做拖鞋等室內用鞋的收納櫃。

還可以當做信箱來使用

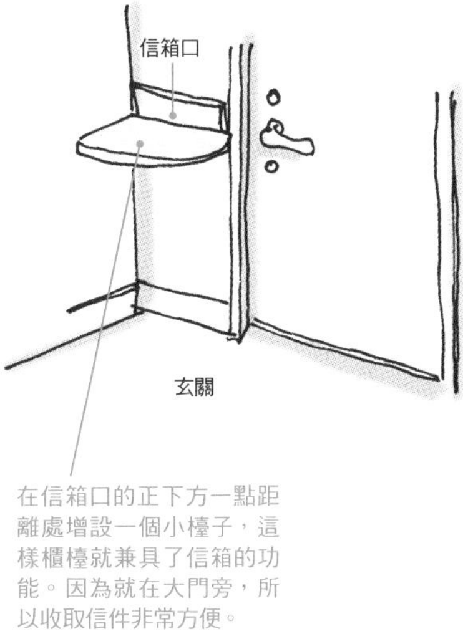
信箱口
玄關
在信箱口的正下方一點距離處增設一個小檯子，這樣櫃檯就兼具了信箱的功能。因為就在大門旁，所以收取信件非常方便。

利用收納櫃的一部分空間當櫃檯的辦法

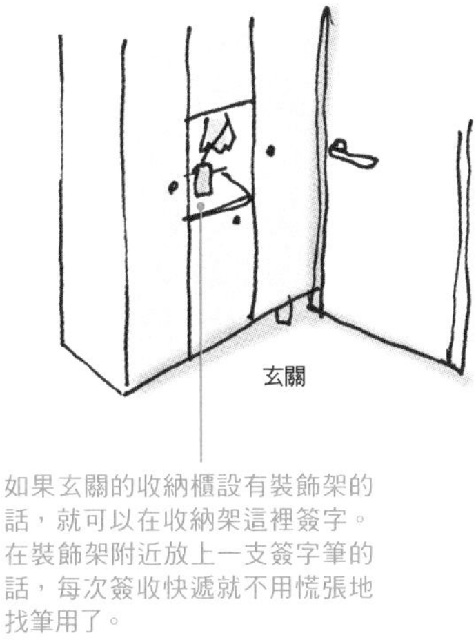
玄關
如果玄關的收納櫃設有裝飾架的話，就可以在收納架這裡簽字。在裝飾架附近放上一支簽字筆的話，每次簽收快遞就不用慌張地找筆用了。

信箱的設置一定要巧妙

如果信箱距離房子太遠，下雨天就會懶得出去收取信件。
為了去取早報還不得不特意換上外出的衣服。

令人意外的是，信箱其實格外地引人注目。一個樸實簡單的現成製品箱體，配上溢出信箱口的報紙和信件，簡直就像是在向眾人聲張這戶沒有人在一樣。

如果是那種獨門獨戶型住宅，最好只在外面安裝一個簡單的信箱口，而實際上是從房屋內側收取各種郵寄物品。當然信箱口可以安裝在大門或者圍牆上，但如果可以的話，最好還是安裝在玄關一帶比較好。這樣一來，穿著睡衣就能取到報紙，就算下雨天也不會再為了拿取報紙信件而發愁。關於日常生活中的一些行為，完成的過程中越是輕鬆愉快，沒有任何壓力是最好的。但這樣做其實也是有缺點的，那就是不認識的陌生人可以接近屋子主體，因此安裝的時候一定同時考慮好相應的防盜對策。

讓生活更加美好的信箱

不僅美觀還方便實用的信箱設計

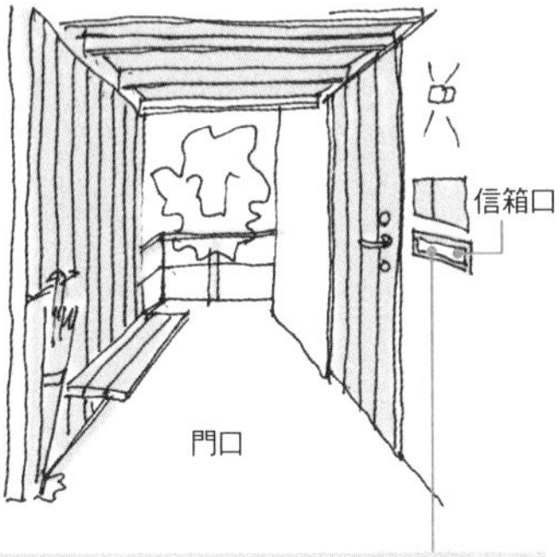

這是左圖住宅的室內情況。一旁的櫃子同時兼具裝飾架、信箱、小物收納櫃的功能。有快遞送貨上門的時候，可以在這個架子上簽收。

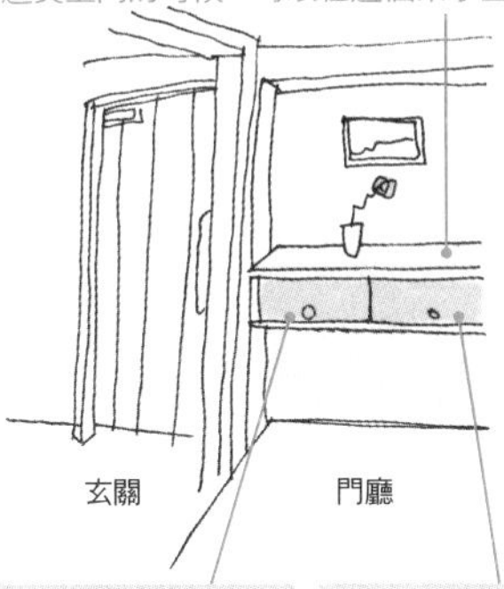

從房屋外面看來就只是簡單的信箱口。門口景緻一覽無遺。

至於這種現成製品信箱可以獨立安裝或懸掛，但設計似乎少了些美感。

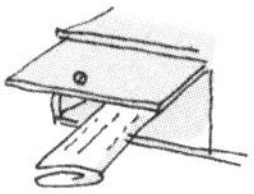

從信箱口投進來的郵件都儲存在左側的箱子裡。

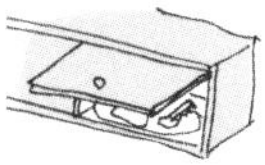

右側的箱子可以存放一些小件物品，如鑰匙，收取快遞時用的印章等等。

一定要有完全的防盜對策

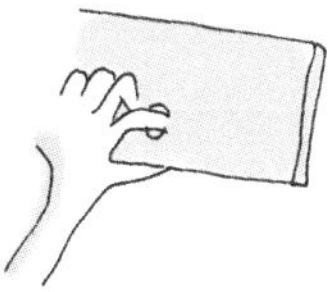

為了避免有人通過信箱口窺視房間內部，一定要在內側箱體上安裝門。這樣還有防風的作用，非常有必要。

為了謹慎起見，信箱的內部最好用聚氨酯樹脂等材料進行裝修，這樣不但郵件容易滑落，而且也便於清潔。

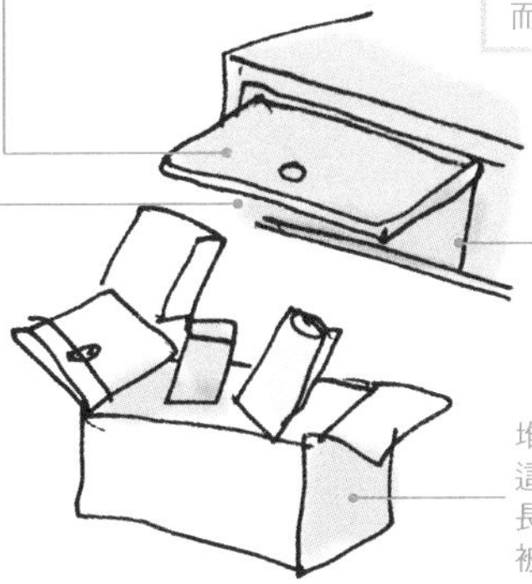

內側箱體的位置一定要設置在距離大門有一定距離的地方。如本頁右上圖所示。

堆積的郵件會滑向下方，這種設計的好處是，即使長時間不在家也不容易被外人輕易察覺。

以設計簡約的洗臉台和雜亂無章說拜拜

常見的盥洗室洗臉台一般是這種狀態

洗臉臺上堆滿了各式各樣的小件物品，如牙刷、牙膏、洗髮護髮用品等。因為沒有妥善收納，所以洗臉台的檯面成了存放物品的收納架。
很多人習慣把毛巾掛在這個位置，當然不會有美觀可言。
放置在這裡的體重計其實相當礙事。

用途廣泛的收納櫃（什麼東西都放進去）成了亂七八糟的元凶。
把水桶和抹布等物品放置在封閉的空間裡非常不衛生。
排水管有可能發生堵塞，但這種裝修因為很少打開門，所以就算水管堵了也不容易被發現，等到發現的時候，往往已經嚴重堵塞，到了不可收拾的慘烈狀態了。

我們通常對廚房要求比較高，而對盥洗室的狀態卻沒有那麼在意。因為我們每天都要使用很多次盥洗室，所以建議大家還是多用點心思在這裡，讓我們的盥洗室也用起來「更加方便」吧。

盥洗室往往還兼具更衣室的作用，因此裡面安裝有洗衣機也是常見現象。因為用途比較廣泛，所以裡面的東西不管種類或數量都很多。盥洗室裡最重要的擺設非洗臉台莫屬。一個容易使用的洗臉台，必定也是個容易整理的洗臉台。務必不要有太多的閒置空間，讓每個物品都有專屬的擺放地點，不要散亂各處。我們可以把小件物品放到開放式架子上，把日常家用紡織品放進抽屜，把含有水氣的各種用品統一擺在地板周圍。

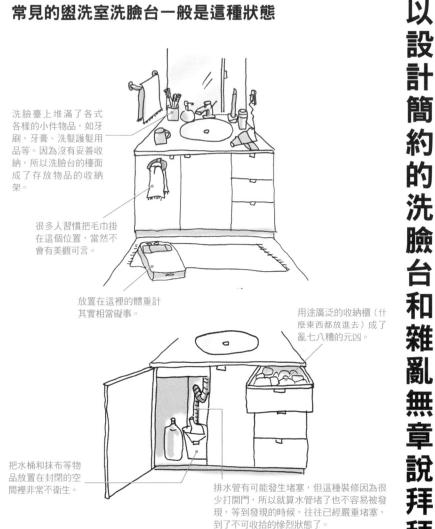

向大家強烈推薦的洗臉台是這樣子的！

洗臉盆使用實驗用水槽

建議洗臉盆使用尺寸較大的理科實驗用水槽，因為這樣的水槽使用起來比較方便。因為四周沒有檯面包覆，所以不會出現東西亂放的情況。洗手液、香皂之類的物品直接放在水槽裡就行。

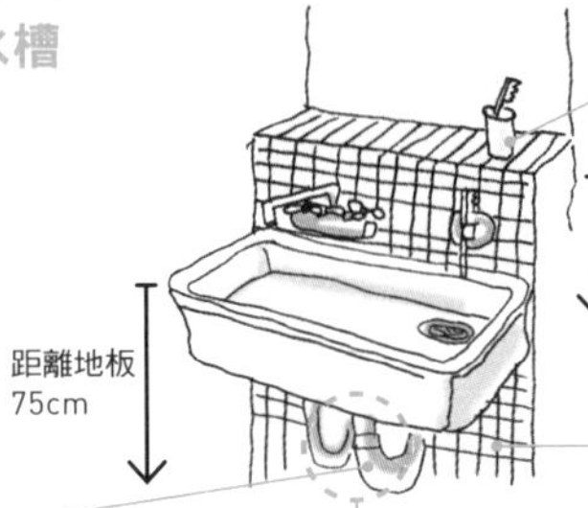

牙刷因為帶有水氣，所以不必收起來，直接擺在檯面適當處就行。

連接洗臉盆的排水配件如果使用壁面排水（P管），清掃起來就比較容易。洗臉盆下面的地板上可以存放體重計、孩子使用的橉子等等。

洗臉盆的下面不要用門來遮擋。這樣的話，萬一出現漏水的情況就能馬上發現。

如果採用壁面排水，就需要PS空間（排水管通過的場所）。如果牆上貼上瓷磚，看起來會更美觀，並且與地板之間的距離達到1米左右，還能預防水四處飛濺。

就連毛巾架也要關注細節

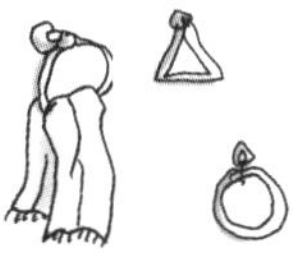

建議不要使用圓形或者三角形的毛巾架，因為毛巾掛上去之後會皺巴巴的，很不好看。

把毛巾架設置在水槽以上大約45 cm的地方最合適，否則容易成為障礙物。

如果水槽的側面有個毛巾架，不僅使用起來非常方便，而且非常美觀，因為從水槽的正面看起來，毛巾架一點都不顯眼。

把小件物品收納到架子上，把日常家用紡織品放進抽屜裡

水槽旁邊的開放式架子用於收納髮妝用品、刮鬍刀等小件物品。

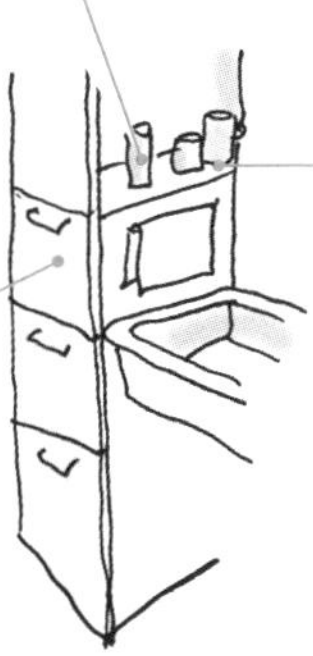

把內衣、毛巾、睡衣等物品全都存放進抽屜裡。

開放式收納架的深度有15 cm左右就行。

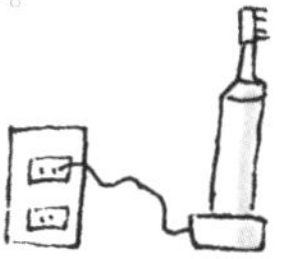

櫃子中有插座就更好了。

像吹風機這樣橫七豎八不好收納的物品，就先把它們放進籃子裡，然後再把籃子放到收納架上。

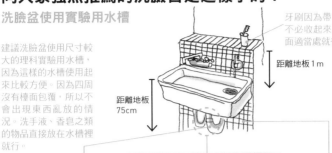

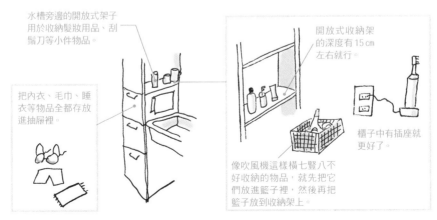

藉由鏡櫃讓空間顯得更加寬敞

常見的鏡櫃種類

作為現成品洗臉台附件之一的藥箱，多數產品不僅看起來一點都不美觀，而且款式設計常常讓我們很難決定該怎麼使用才好。

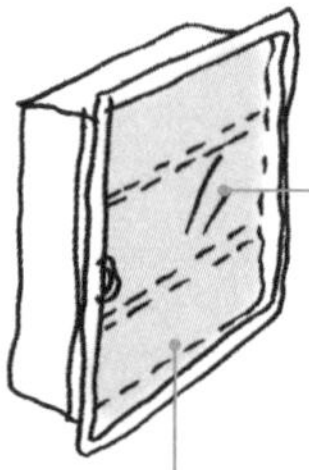

這是鑲嵌在牆體內部的一種鏡櫃。其本體是由塑膠製作而成，但安裝的是玻璃門，這類產品的優點是價格相對比較便宜，但缺點是容易發生劣化，而且設計也很普通。

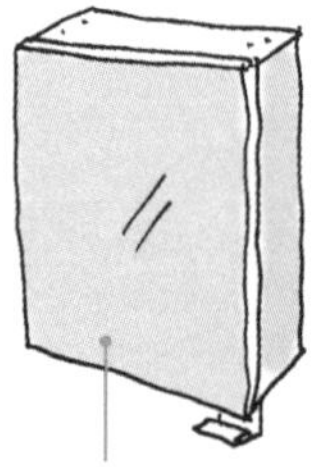

跟塑膠製品相比，不銹鋼的款式價格相對高昂，但質感良好，設計也更加美觀大方。

關於medicine box這個詞彙，直譯就是藥箱，但在這裡指的是盥洗室裡常見的鏡櫃。是一種寬度淺，內部可以擺放洗臉、刷牙等用品的收納箱。現成製品中也有很多種類，例如和鏡子結合在一起的，或是鑲嵌在牆體內等款式。如果家中的盥洗室空間不大，那鏡櫃可說是相當重要的配件。

這裡向大家推薦的是和鏡子一體化、鏡子後方為收納空間的款式。並非設置在洗臉台的旁邊，而是上方，可以進行統整性的收納。不僅收納容量大，鏡子還能讓整個盥洗室顯得更加寬廣。此外，大面的鏡子看起來相當美麗，也會促使我們想隨時維持鏡子和整體空間的整潔。

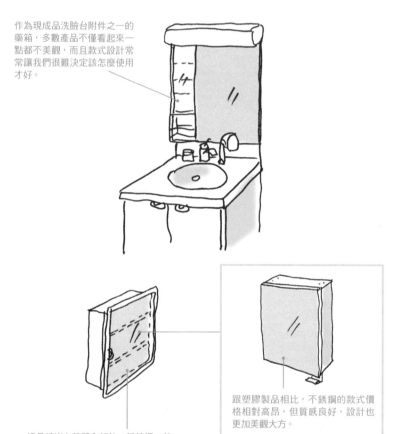

充分利用收納鏡櫃

3面鏡式

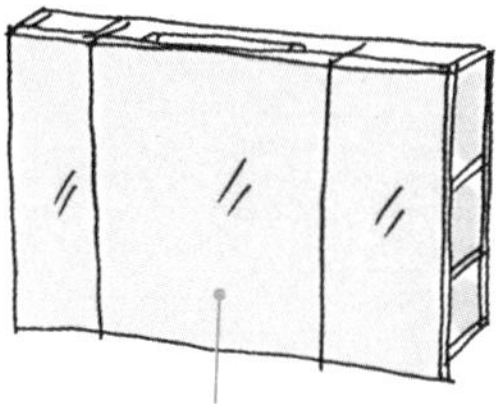

正中間的那面鏡子是固定不動的

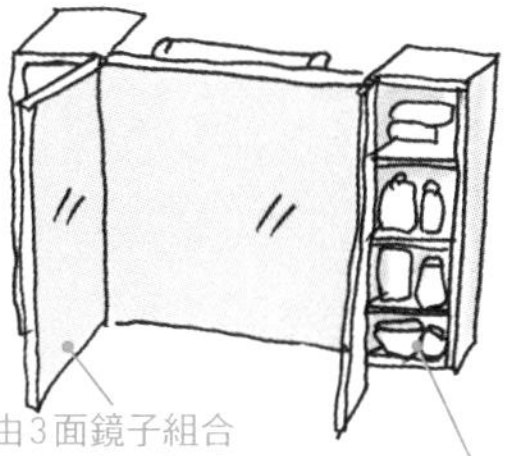

因為是由3面鏡子組合而成，所以使用起來非常方便。

收納空間只有左右兩側

滑動式

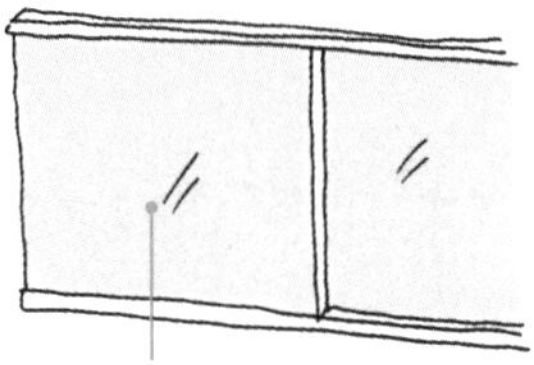

鏡子能夠左右移動的滑動式鏡櫃

因為鑲嵌在牆壁的內部，所以就算盥洗室的空間非常狹窄，安裝後的視覺感受也很清爽。

鏡子的裡面全部都是收納空間，收納量很大。

現成品3面鏡＋滑動式

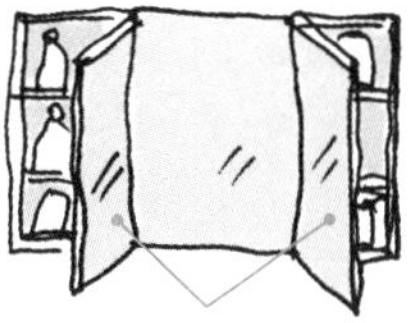

左右為貼了鏡面的門，整體呈3面鏡樣式。

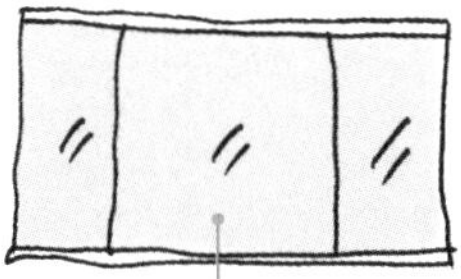

3面鏡子的裡面全都是收納空間

正中間的鏡子是滑動式的

訂做產品能夠充分利用所有空隙

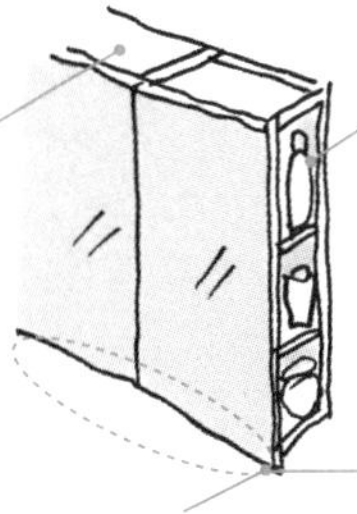

深度只需要15cm左右就足夠了。收納的基本上都是小件物品，把它們排成一排放在那裡就行了

本體要嵌入牆壁，還是要凸出壁面，會關係到施工的時間和程序。

鑲嵌鏡面的門要向下延伸大約5mm，這樣在開關門的時候就不會在鏡面上留下指紋了。

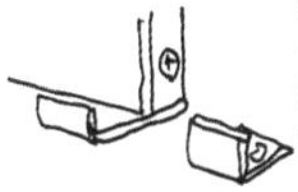

如果門不向下延伸長，也可以透過安裝手把配件避免沾上指紋。

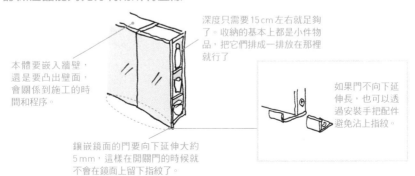

嘗試把洗臉台設置在走廊看看

把洗臉台安裝在走廊上

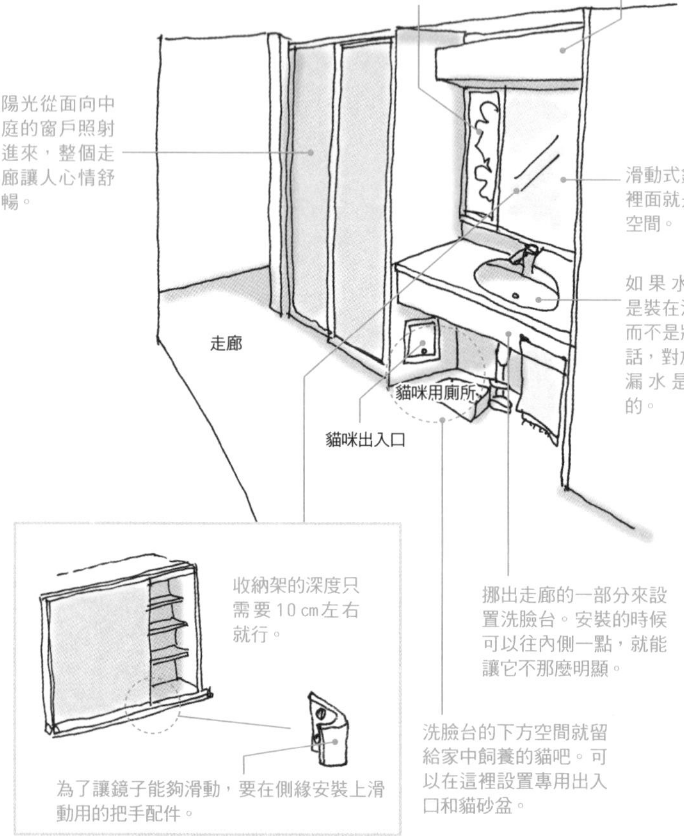
在洗臉台的旁邊設置一個窗戶也是非常好的主意。如果能看到風景，頭腦也會一下子清晰起來。如果窗戶恰巧面向東方，清晨的陽光會把我們的朦朧睡意一掃而光。
能夠照亮眼前環境的電燈。只有走廊裡的電燈根本不夠用。
陽光從面向中庭的窗戶照射進來，整個走廊讓人心情舒暢。
滑動式鏡子的裡面就是收納空間。
如果水龍頭是裝在洗臉盆而不是牆壁的話，對於避免漏水是有效的。
走廊
貓咪用廁所
貓咪出入口
收納架的深度只需要10㎝左右就行。
挪出走廊的一部分來設置洗臉台。安裝的時候可以往內側一點，就能讓它不那麼明顯。
洗臉台的下方空間就留給家中飼養的貓吧。可以在這裡設置專用出入口和貓砂盆。
為了讓鏡子能夠滑動，要在側緣安裝上滑動用的把手配件。

每天寶貴的早晨時光，卻總是從一家人擠在盥洗室爭用洗臉台的混亂場面開始。如果現在就對這種情形感嘆「實在沒辦法啊」，那就太早放棄了。

對於洗臉刷牙這種行為，的確不是非得在封閉的空間裡進行才行。盥洗室本身就很狹窄，如果還得兼具更衣室的功能，還不如轉變思維把洗臉台轉移到走廊上看看。這樣一來，整體佈局的自由度和開放度都會大大增加，說不定洗臉台也能因此獲得更大的使用空間呢。因為不再是相對封閉的空間，所以出入的時候也不會再有類似擁擠等各種問題。不僅如此，這樣一來更衣室就成了一個獨立的空間，這樣便能毫無顧慮的享受泡澡了，可謂一箭雙雕、一石二鳥之策。

如果走廊裡有盥洗室，早上的活動路線也會更加順暢

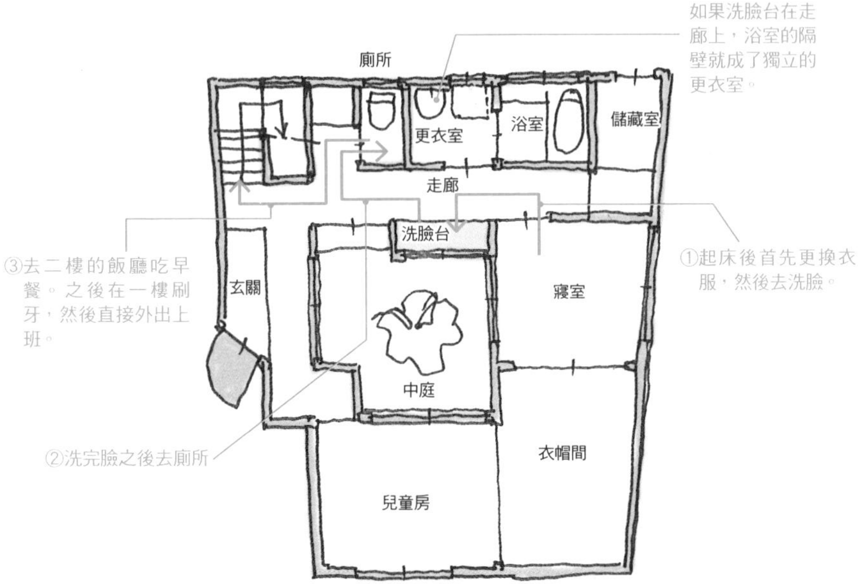
如果洗臉台在走廊上，浴室的隔壁就成了獨立的更衣室。
廁所
更衣室
浴室
儲藏室
走廊
洗臉台
玄關
寢室
中庭
衣帽間
兒童房
①起床後首先更換衣服，然後去洗臉。
②洗完臉之後去廁所
③去二樓的飯廳吃早餐。之後在一樓刷牙，然後直接外出上班。

如果安裝 2 個洗臉台，洗臉盆最好選擇兩種不同的產品

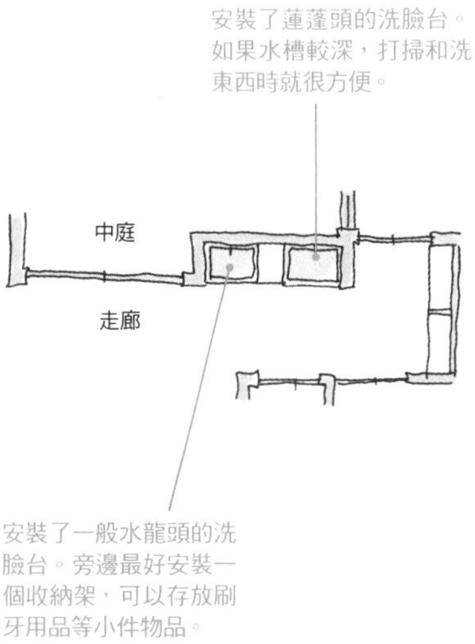
安裝了蓮蓬頭的洗臉台。如果水槽較深，打掃和洗東西時就很方便。
中庭
走廊
安裝了一般水龍頭的洗臉台。旁邊最好安裝一個收納架，可以存放刷牙用品等小件物品。

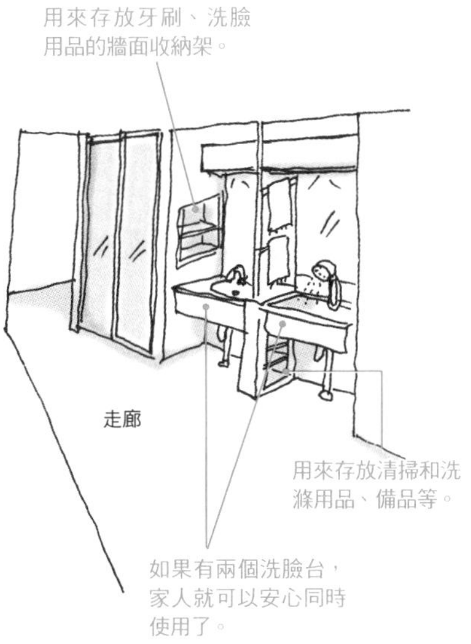
用來存放牙刷、洗臉用品的牆面收納架。
走廊
用來存放清掃和洗滌用品、備品等。
如果有兩個洗臉台，家人就可以安心同時使用了。

想心情愉悅地洗衣服！

無論什麼時候都想高高興興地生活

在室內晾乾衣服也不美觀

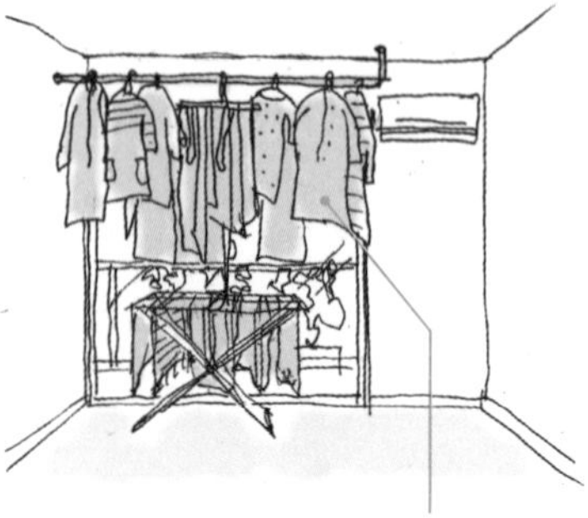

如果房間裡一直懸掛著要晾乾的衣服，看起來絕對不會好看。

在陽台上曬乾衣服也不好看

把需要曬乾的衣服懸掛在陽台上，把窗戶全都遮擋住了，這樣也一點都不美觀。

別在這裡曬乾衣服是不是更好?

有沒有不會影響景觀和視線的曬衣方法呢？試著認真思考一下這個問題的答案吧。

星期天的下午，窗戶旁掛滿了一排剛洗過的衣服。不僅把太陽光全部擋在窗戶的外面，映入眼簾的一直都是那根塑膠材質的破破爛爛晾衣架……

晾曬衣服是日常生活的必要活動之一，只要洗了衣服，就得晾乾才行。如果曬衣能不影響愉悅的心情和美麗的景觀，那就更好了。其實要想實現這一目標也並不困難，只需要稍微花點功夫就可以。首先，不要選擇把窗外的美景全部遮擋住的曬衣法。其次，要考慮戶外環境，晾衣架不要使用被日光照曬後就會劣化的塑膠產品。

多關注一些微不足道的行為和微小的事物，我們的生活就會更加舒適美好。

工作能夠順利完成，生活品質也能得到改善

改善洗衣服的場所（更衣室）

安裝一根不銹鋼材質的管子，這樣就有了一個臨時晾乾衣服的地方。就算安裝在室內也不影響美觀。

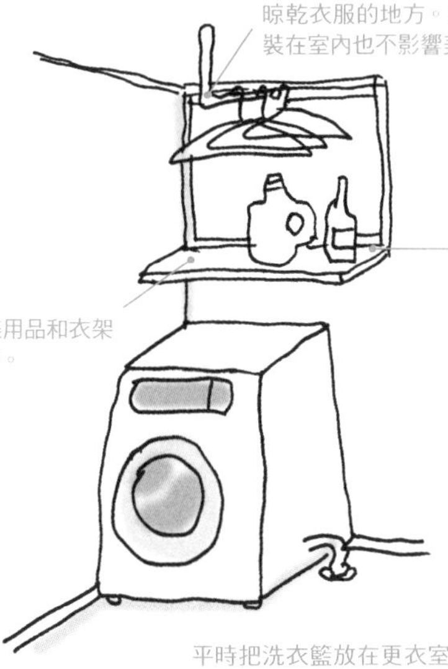

放洗滌用品和衣架的架子。

平時把洗衣籃放在更衣室裡。等洗衣服的時候再把它拿過來。

安裝一個小型架子也顯得非常可愛。

有一種新型收納方法，那就是把噴霧型洗滌劑掛在管子上。

可以把陽台當做「晾曬衣服的場所」，但不能是固定場所

塑膠製品的管子和衣架都不好用。建議大家選擇不銹鋼產品，其優點是不但不會因時間的問題而劣化，而且材質美觀，質感很好。

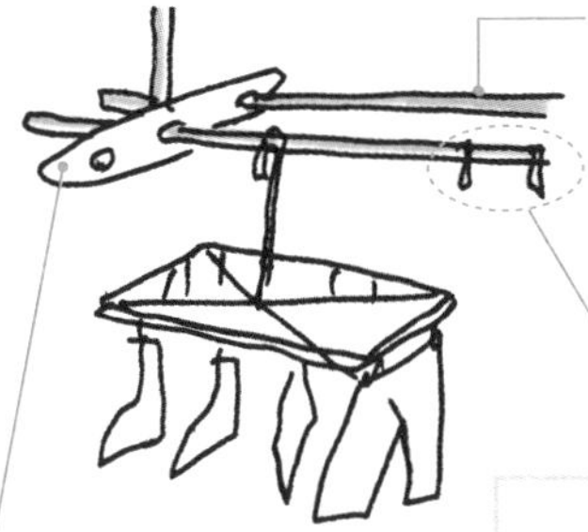

很多家庭會在陽台上安裝不銹鋼管子，並把衣架之類的用品掛在那裡，把陽台理所當然的當成了曬乾衣服的場所。個人認為還是設置在從起居空間裡看不到的地方比較好（如盥洗室、做特定家事的房間等）。

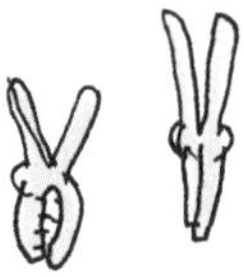

曬衣夾子最好選擇木質或鋁制產品。

如果選擇摺疊式曬衣架，還能節約不少儲存空間。

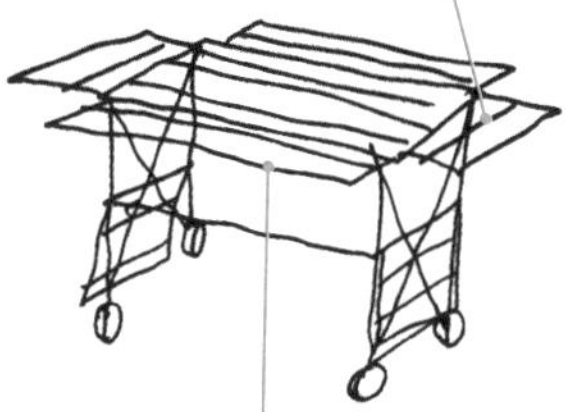

摺疊式室內曬衣架也能夠在陽台上使用。還可以在室內晾乾衣服，然後再把它直接移動到陽台上。平時不用的時候就把它摺疊起來存放。而且窗戶外面的風景基本上也不會因此受到影響。

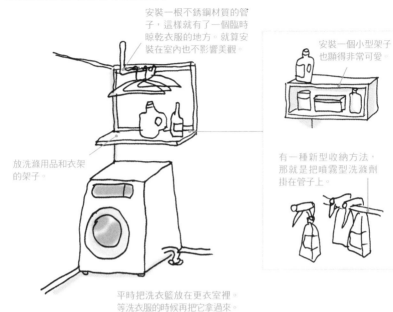

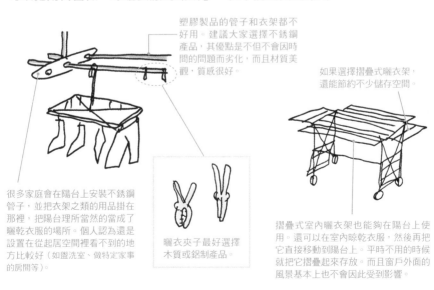

修正活動路線，順利完成洗衣任務

考慮從脫衣服開始到收納為止的活動路線

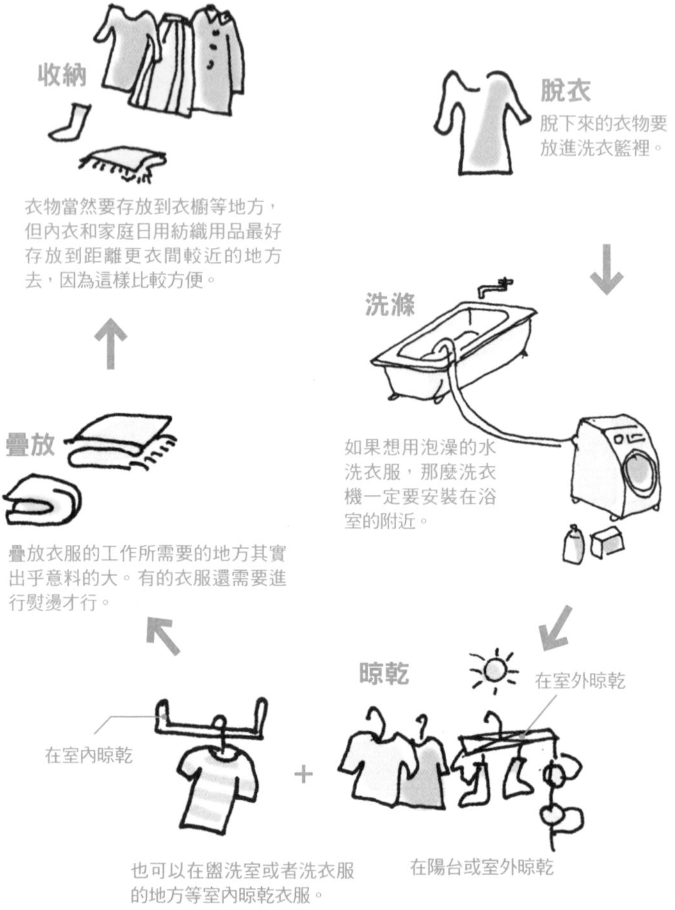
脫衣
脫下來的衣物要放進洗衣籃裡。
洗滌
如果想用泡澡的水洗衣服，那麼洗衣機一定要安裝在浴室的附近。
晾乾
在室外晾乾
在室內晾乾
+
也可以在盥洗室或者洗衣服的地方等室內晾乾衣服。
在陽台或室外晾乾
疊放
疊放衣服的工作所需要的地方其實出乎意料的大。有的衣服還需要進行熨燙才行。
收納
衣物當然要存放到衣櫥等地方，但內衣和家庭日用紡織用品最好存放到距離更衣間較近的地方去，因為這樣比較方便。

洗衣服的場所在一樓，而晾衣服的場所卻在二樓……這種家庭格局難免會讓人產生懶得洗衣服的惰性。

做家事需要提高效率。而要想實現這一目的，首先就得下功夫評估怎樣才能避免在活動路線上浪費時間精力。以洗衣服為例，把脫下來的衣服洗乾淨、晾乾、摺疊起來並存放好——為了順利完成這一連串的工序，就必須在房間格局和物品的配置上下功夫。

透過修正活動路線，就能夠減輕做家事的負擔。以家事的活動路線來說，「簡單便捷」是基本要求。

在房間格局上下功夫，創造簡單的活動路線

不但美觀而且便於使用的設計（2樓）

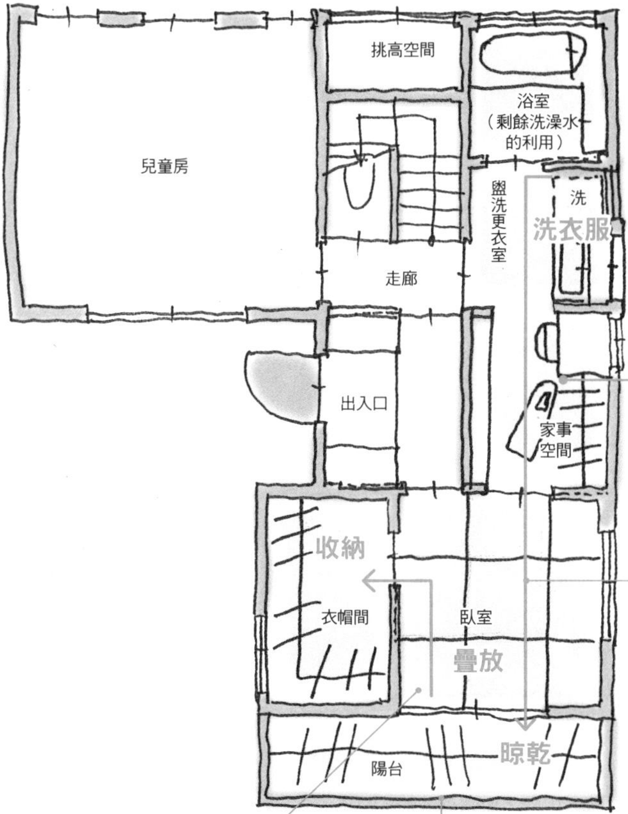
挑高空間
浴室
（剩餘洗澡水
的利用）
兒童房
盥洗更衣室
洗
洗衣服
走廊
出入口
家事空間
收納
衣帽間
臥室
疊放
晾乾
陽台

脫衣、洗澡、洗衣服的場所相距很近的話，做起事來也比較省力。

家事空間既可以懸掛衣服，也可以疊放衣服，可以說是一個萬能的空間。天氣不好的時候，還能夠在這裡晾乾衣服。

直到把衣服晾乾的一連串流程。因為活動路線是直線，所以一點兒都不會浪費。

收下來的衣服可以在臥室裡摺疊，也可以在這裡收納內衣和家庭日常紡織用品。在熨燙完之後，就可以把衣物直接放進衣櫥裡了。

在陽台上晾乾衣服。不需要上下樓梯，所以非常輕鬆方便。

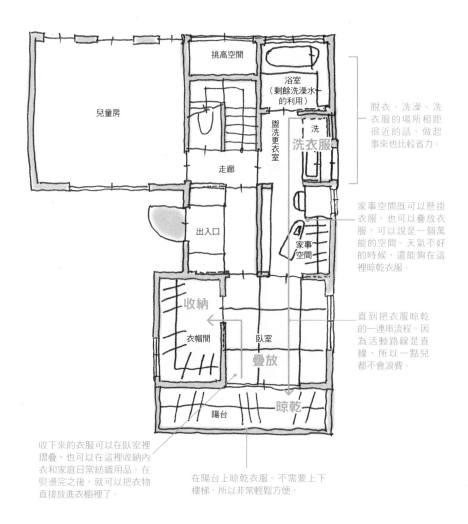

在室內晾乾衣服的簡潔型活動路線

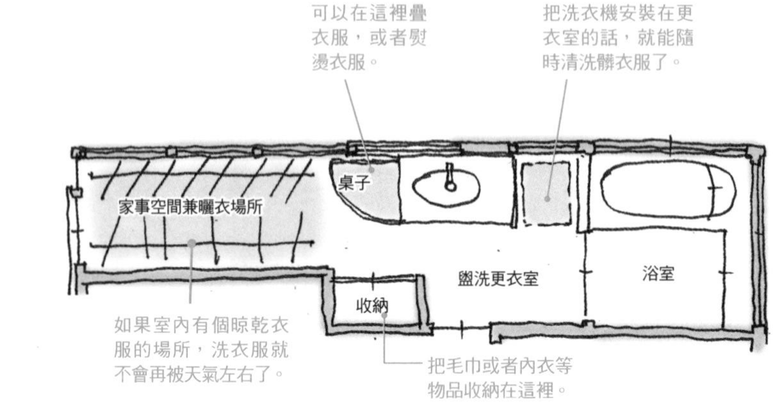
可以在這裡疊衣服，或者熨燙衣服。
把洗衣機安裝在更衣室的話，就能隨時清洗髒衣服了。
桌子
家事空間兼曬衣場所
盥洗更衣室
浴室
收納
如果室內有個晾乾衣服的場所，洗衣服就不會再被天氣左右了。
把毛巾或者內衣等物品收納在這裡。

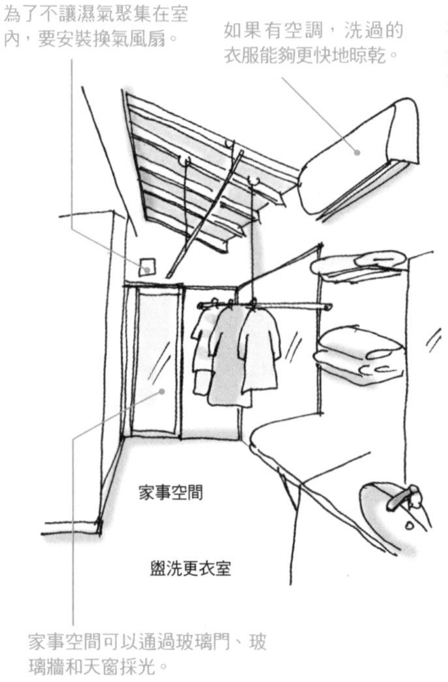
為了不讓濕氣聚集在室內，要安裝換氣風扇。
如果有空調，洗過的衣服能夠更快地晾乾。
家事空間
盥洗更衣室
家事空間可以通過玻璃門、玻璃牆和天窗採光。

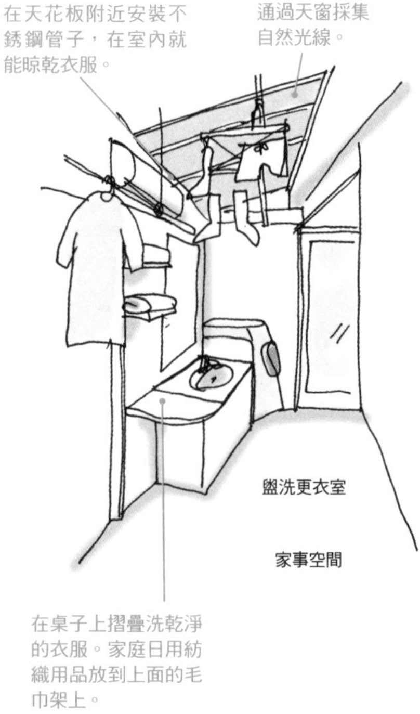
在天花板附近安裝不銹鋼管子，在室內就能晾乾衣服。
通過天窗採集自然光線。
盥洗更衣室
家事空間
在桌子上摺疊洗乾淨的衣服。家庭日用紡織用品放到上面的毛巾架上。

讓家人和客人都能喜歡的廁所裡，要配有清掃工具

廁所裡適合隱藏和適合展示的物品

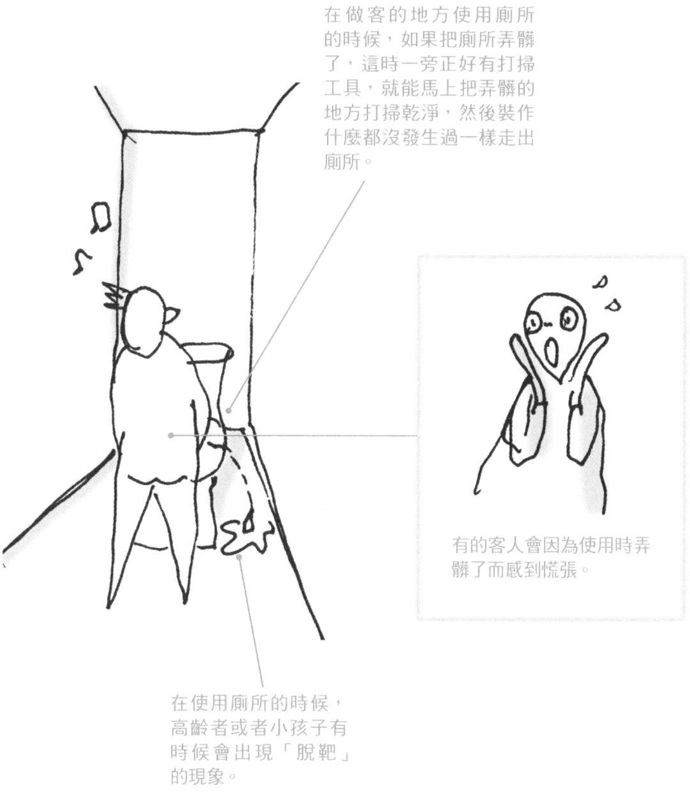
在做客的地方使用廁所的時候，如果把廁所弄髒了，這時一旁正好有打掃工具，就能馬上把弄髒的地方打掃乾淨，然後裝作什麼都沒發生過一樣走出廁所。
有的客人會因為使用時弄髒了而感到慌張。
在使用廁所的時候，高齡者或者小孩子有時候會出現「脫靶」的現象。

廁所雖然是個狹窄的空間，但實際上收納的東西卻不少，如清掃用具、衛生紙等。

清掃用具雖然不屬於需要積極展示的物品，但把它們收納在太過隱密的地方也不合適。最好把它們放在容易看見也容易取出的地方，這樣一來，如果不小心把廁所弄髒了，也能夠立刻清掃乾淨。如果誰都能隨時打掃，廁所一定能夠變成讓人心情愉悅、常保清潔的地方。

衛生紙也應該收納在容易被看到的地方。如果廁所裡總是能看到一卷衛生紙，它的存在也可能變成內部擺設的一環。可以把它們並排或重疊擺放，嘗試各種讓視覺感受更整齊美觀的收納方式吧！

一目了然的清掃用具存放場所

井然有序地排列好

起碼要排列擺放幾件必須的清掃用品，如清潔劑、清潔用紙巾等等。

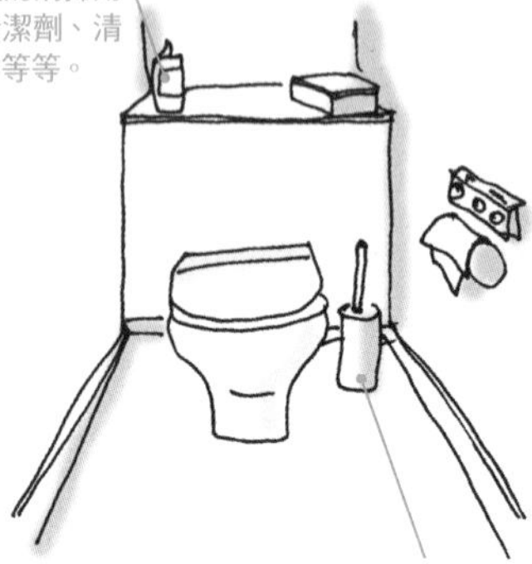

清洗廁所用的刷子如果設計非常美觀，就可以把它直接放在馬桶旁邊。

存放到空間淺的收納櫃

不管是誰都能馬上意會到這裡面放有刷子或清潔劑之類的物品。

如果馬桶是壁掛式，清掃起來也很方便。

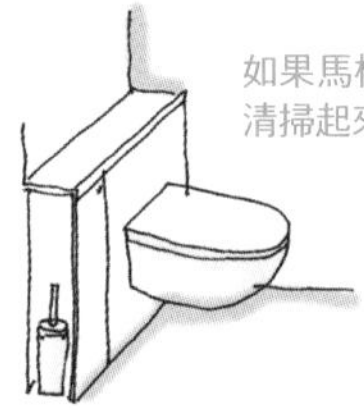

也可以把清掃用具存放到馬桶周遭的角落。

收進牆內空間

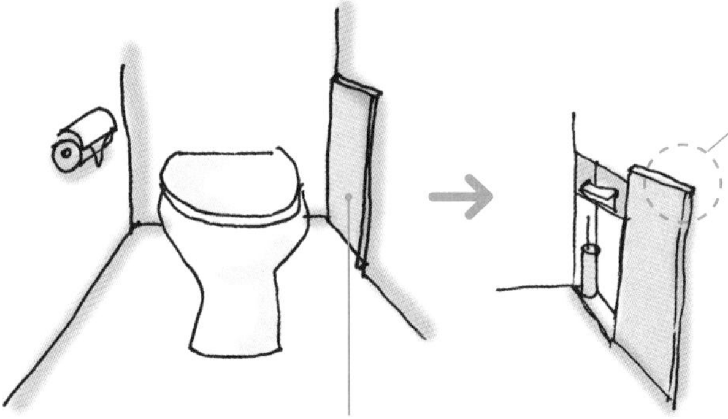

如果使用U字型軌道+導向銷，就可以把下面的軌道直接去掉。其優點是，下面不安裝軌道的部分就不容易堆積灰塵。

在廁所空間最裡面的牆壁上建造一個深度跟牆壁厚度一樣的收納空間。為了讓這個收納空間的門更加明顯，可以把門的顏色設置成與牆面顏色不同，也可以在門的上面安裝一個顯眼的把手。

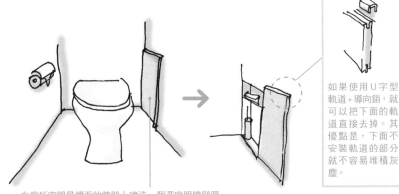

巧妙地擺放大量備品，讓它們顯眼而且美觀

在顯眼的位置排成一排

利用裝飾架或扶手。側立的兩塊板材的中間會形成一個空間。

豎著成排擺放，大約能夠擺放12個。

如果橫向擺放在兩塊板材中間的空間裡，看起來的效果就會大不相同。

把衛生紙穿在棍子上。

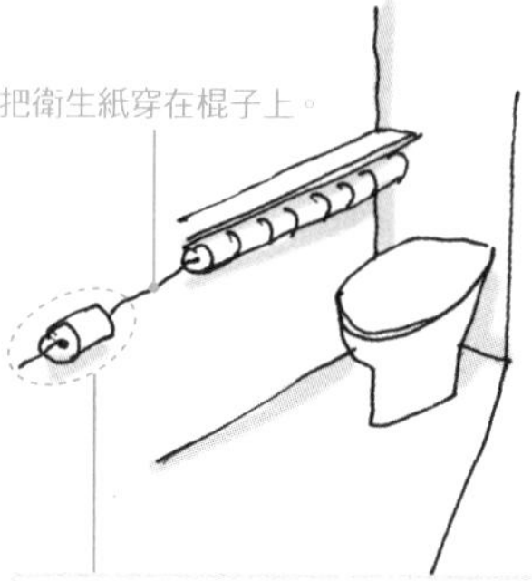

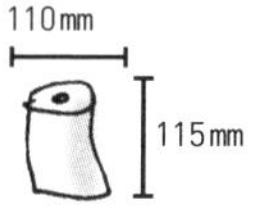

因為各家廠商生產的捲筒衛生紙的大小都差不多，所以直接擺出來也是一個不錯的主意。

存放到收納櫃裡

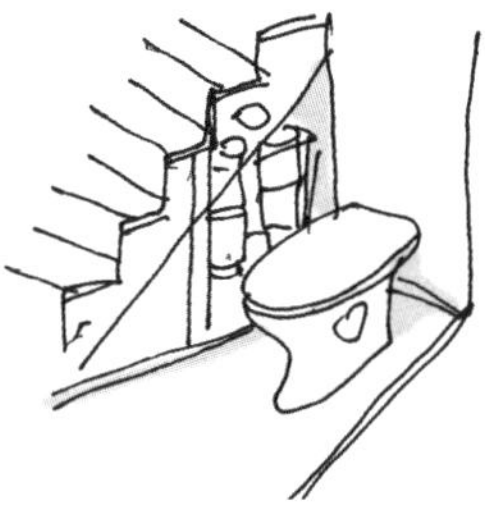

如果廁所的旁邊是樓梯，就可以在牆壁上鑿開個洞，把樓梯下面當做收納空間來使用。

馬桶的上面可以設置一個吊櫃，用來存放備品。

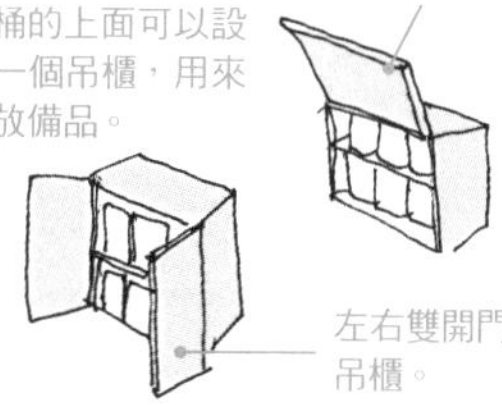

上開門式吊櫃

左右雙開門式吊櫃。

將其視作設計專案

在小小的架子上放一個鐘錶和一卷備用衛生紙。可愛的小件物品能夠和衛生紙相互協調，相得益彰。其他的備品全都放進吊櫃裡。

可以使用釘子把衛生紙釘在牆上，非常顯眼。

如果數量眾多，如何呈現設計感也是一件有意思的事情。

給家裡的男人創造一個獨享空間吧

能讓男性高興的場所

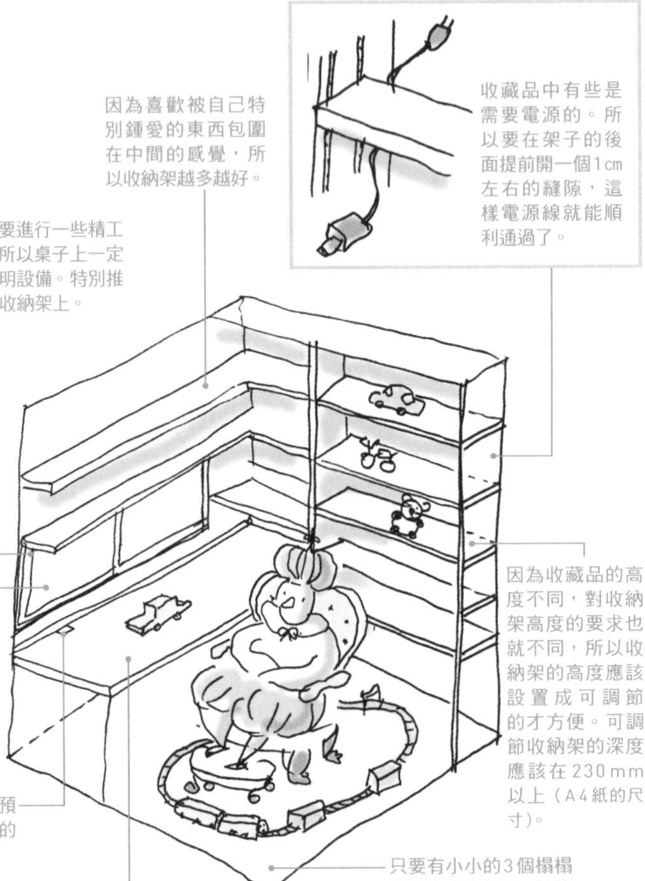
因為喜歡被自己特別鍾愛的東西包圍在中間的感覺，所以收納架越多越好。
收藏品中有些是需要電源的。所以要在架子的後面提前開一個1cm左右的縫隙，這樣電源線就能順利通過了。
因為需要進行一些精工細作，所以桌子上一定要有照明設備。特別推薦裝在收納架上。
如果有扇窗戶，就算空間非常狹窄也會讓人感覺心情舒暢。
因為收藏品的高度不同，對收納架高度的要求也就不同，所以收納架的高度應該設置成可調節的才方便。可調節收納架的深度應該在230mm以上（A4紙的尺寸）。
桌面一定要預先把配線用的洞開好。
只要有小小的3個榻榻米那麼大的空間，就能夠設置一個完美的書房。雖然空間狹窄，也能讓人樂在其中。
因為如果桌板太長，就會出現彎曲的現象，所以如果想作為收納空間，還得設置支柱才行。

如果能有個個人空間，人就能感到平靜。就算在家裡，人們也都希望能夠有一個屬於自己的空間。至於房間的大小，其實沒有太大關係。

這個世界上希望擁有書房的男性們，並不是真的要在書房裡寫出什麼文章來，而是想在自己家裡擁有一個自己專用的個人空間，在這個自己專屬的空間裡，他們可以做自己喜歡做的事情，不僅僅是讀書、聽音樂，還有組裝自己喜歡的塑膠模型，裝飾自己收集來的玩具等，總之，童心未泯的男性們想要做的事情有很多很多。所以，請您一定要實現男性的這個願望。就算是非常狹窄的房間也無所謂，因為他們能從中感受到的喜悅是相當大的。

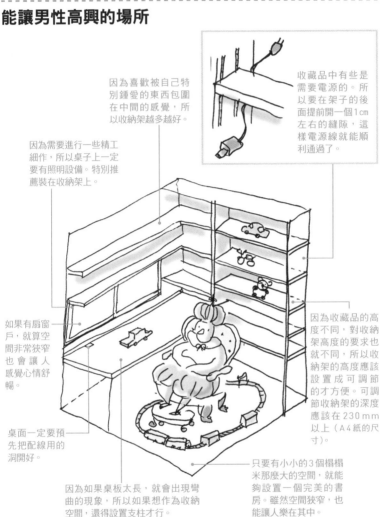

男性們所追求的的理想私人空間

擁有兩種使用方法的3個榻榻米空間

桌板要稍微留一個缺口，這樣坐下時膝蓋才不會撞到。

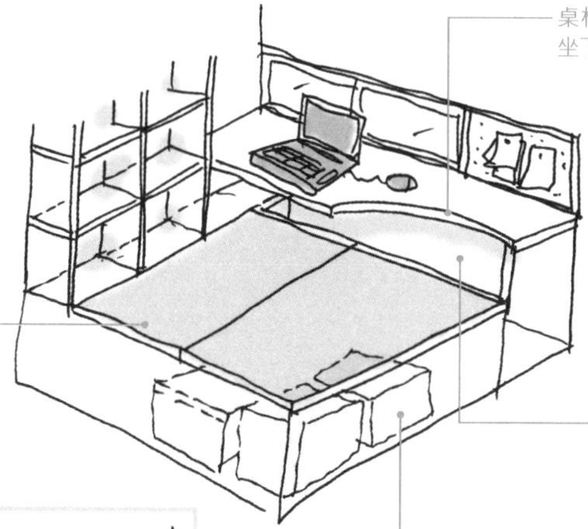

如果有個下陷的放腳空間，就能坐在桌子前做喜歡的事了。

榻榻米的大小建議要能夠容納一個人隨意躺下來小憩。

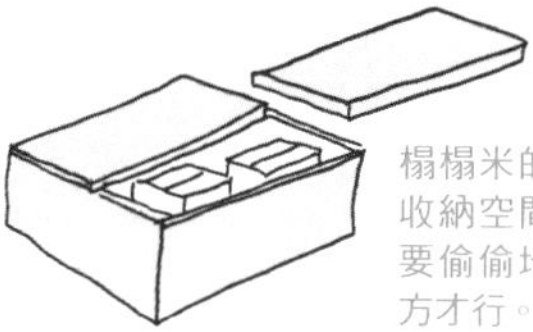

榻榻米的下面可以作為收納空間。重要的寶貝要偷偷地藏在隱蔽的地方才行。

製作起來毫無難度的櫃檯式桌子

把板材或者玻璃（強化安全玻璃）的兩端搭載在兩個櫃子上，一個簡單的書房專用桌就製作而成了。

安裝在書桌上方和下方的功能架。

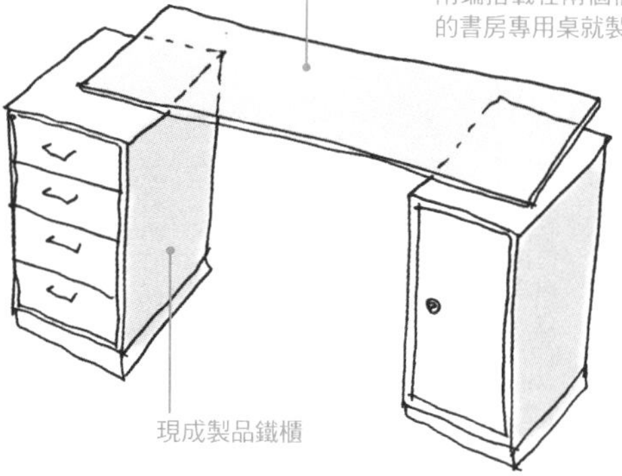

現成製品鐵櫃

最方便使用的書桌高度是70～72cm，而跟這個高度相搭配的現成櫃子出乎意料的少見，對此，可以採取透過調節椅子的高度來配合需求。

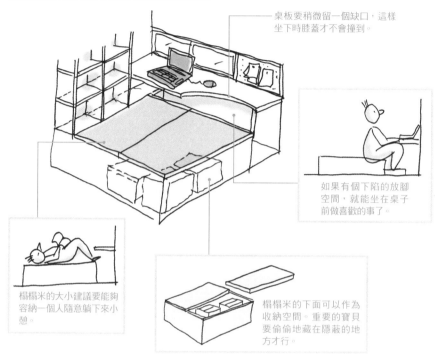

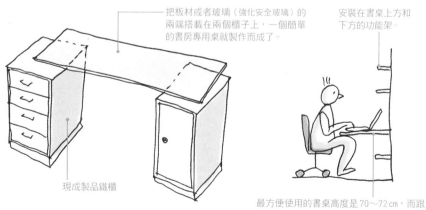

在書籍的圍繞中生活

讀書也好，環顧書山也好，把自己埋進書本裡也好……喜歡紙張和墨汁散發出的氣息，反正就是喜歡書籍。

很多喜歡讀書的人，當他們被書籍包圍的時候就會感到幸福。有的人只要能從圖書館借書來看就滿足了，但也有很多人是愛書成癡的藏書家。

如果家裡能夠有一個既可以把大量的書籍妥善保存，又能夠愉悅地享受讀書樂趣的專屬空間，一定能讓自己心滿意足。不過還是應該先分清楚自己到底是更喜歡「收集」還是更喜歡「讀書」，然後根據自己的偏好來創造專屬空間，這樣才更能符合期待。

如果是喜歡收集圖書，以後的藏書量一定還會增加，所以在設置這個讀書專屬空間的時候，一定要預先考慮到這一點，在安裝書架的時候要多少預留日後擴充的空間來。

要根據自己的使用風格設置讀書專屬空間

如果喜歡坐在椅子上讀書，只要用書架隔出讀書空間就可以

用書架圍起來一個專屬的讀書空間，在這裡不容易受到家人的打擾。
不需要一個單獨的房間。只要能把別人的視線遮擋住，或者說，只要自己感受不到旁人的視線就行，這就是設定書架高度的標準。
準備和人身差不多高度的書架。
坐在有靠頭枕的安樂椅上讀書，簡直就是身在天堂一般。
最好也有腳凳和咖啡桌
就算狹窄一些也沒關係。

建議喜歡躺著看書的人採用和室空間

地板上鋪著榻榻米或者地毯的話，就隨時都能夠躺下來了。地板材質可以使用杉木或者柔軟的樹種材料就行。

需要翻閱資料的話就選用單間

有寫作或查資料需求的人最好使用安裝門的單間，把門關起來就能夠集中精力做事情了。
要安裝方便作業的書桌。

收拾得整齊劃一的漫畫書也是一幅獨特的景緻

這種書架是專門針對那種喜歡在自己的房間裡輕鬆愉快地看漫畫的人而設計的。整齊劃一的漫畫書排滿書架的情景，絕對算得上一種特殊的室內裝修。

在窗戶上方的位置安裝一整圈的書架，深度約15cm就行。

臥室

一般天花板的高度是2.4m，而窗戶和門的高度大概是2m到2.1m之間，因此門窗和天花板之間還有30～40cm的距離。而恰好可以利用這個距離安裝上一圈的書架，而且書架的高度正好適合存放漫畫書。

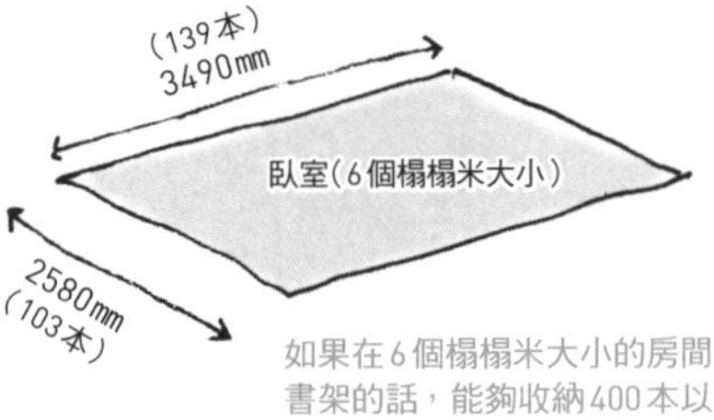
（139本）
3490mm
臥室（6個榻榻米大小）
2580mm
（103本）

如果在6個榻榻米大小的房間四周全都安裝上書架的話，能夠收納400本以上的漫畫書。如果漫畫書的厚度是25mm，較長的一邊能夠收納139本，較短的一邊能夠收納103本。

樓梯同時也能成為讀書和藏書的空間

上下樓梯的時候能同時看到眾多書籍的書脊也是一種幸福

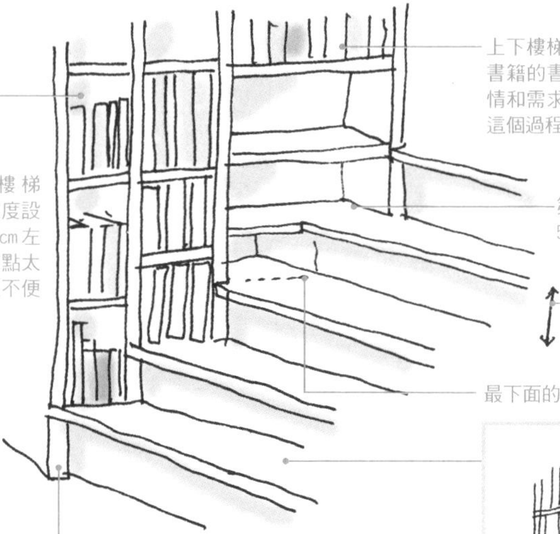

上下樓梯的同時就能夠看到那麼多書籍的書脊，然後再根據自己的心情和需求選擇想要閱讀的那本書，這個過程本身就是一種享受。

第一段樓梯的書架寬度設置成25cm左右的話有點太窄，而且不便於打掃。

第二段樓梯的書架寬度大約是50cm。

一層樓梯的高度大約是185mm。這個高度正好可以收納新書尺寸的書籍、文庫本書籍和CD。

最下面的高度要跟一層樓梯的高度相同

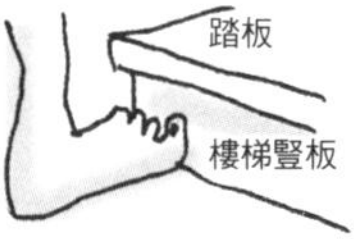

樓梯豎板比踏板向內縮進3cm左右。要根據這個尺寸設置書架的側板和側柱。

很多人都想就這樣坐在樓梯上看書。

這些地方要注意

樓梯最好左右兩邊都要安裝上扶手。當我們在樓梯上安裝書架的時候，一定要對將來的生活有一個預先的評估才行。

樓梯是對外連結的重要避難通道。地震的時候書籍會從書架上掉落下來，關於這一點一定要考慮清楚才行。

如果想避免地震時大量書本掉落的情況，可以在書架上貼上特殊的防滑膠帶或安裝防止掉落的書架配件。此外，也可選用特別款式的傾斜式滑軌書架。當發生劇烈晃動時，書架的結構會隨之適度變動以平衡作用力，達到防止架上書籍滑落的目的。

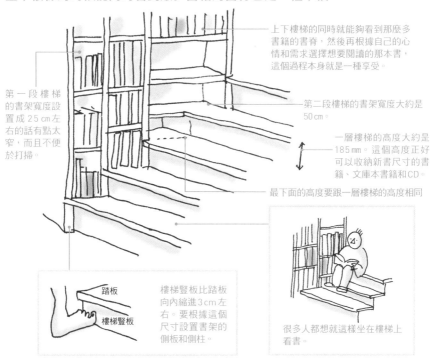

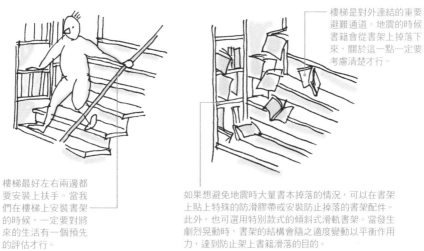

掛在牆上的書架

用一根棒子撐起書的不可思議書架

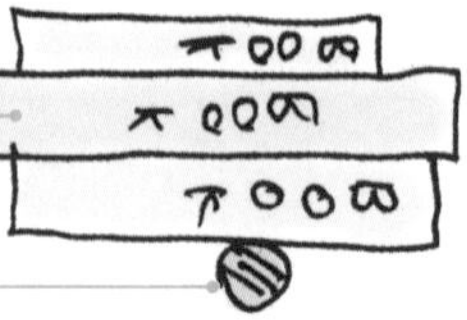

從正面觀察的話，只能看到一根圓形的棍棒和堆得滿滿的書籍，一眼望去讓人非常困惑，根本想不透書籍是怎麼放上去的。讓人覺得不可思議的書架。

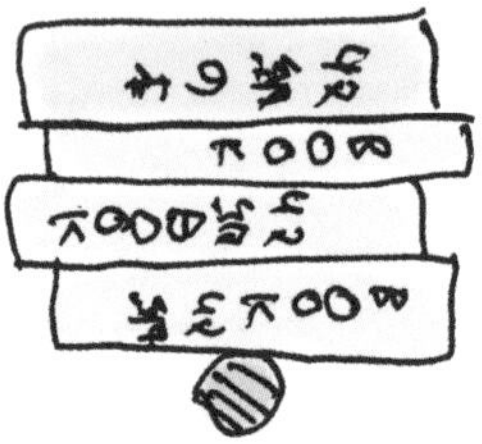

這是從側面觀察時所看到的景象。鋼質板材和棍棒從牆體裡延伸出來。

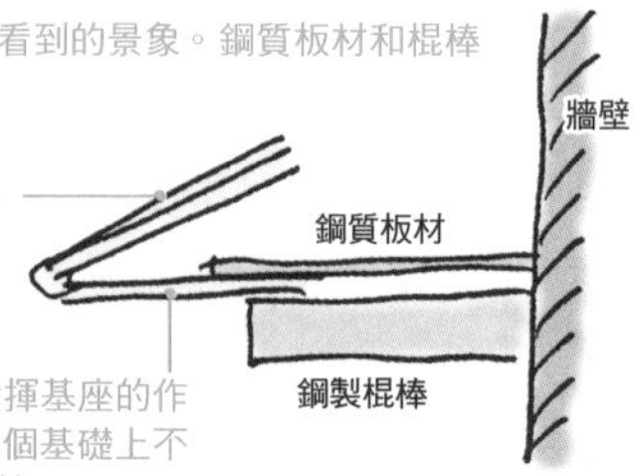

插進鋼質板材裡面。

最下面的書發揮基座的作用，然後在這個基礎上不斷向上堆放書籍。

懸掛起來也OK

把鋼片板之類的配件安裝到牆壁上。

也有像這樣把書打開再掛起來的方法。很適合暫放看到一半的書。

梯子書架

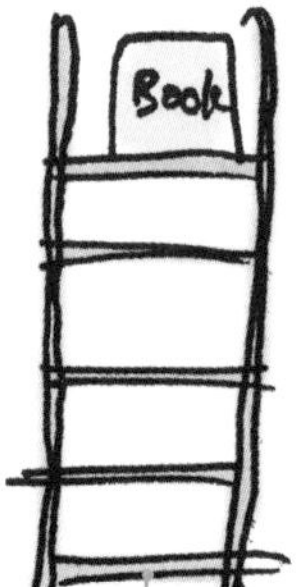

另外也有一種使用梯子的收納法，只要把梯子架在牆邊就完成了。除了梯子之外，還能使用板狀物等各種材料達到相同的效果。不只能作為書架，也可以擺放CD等物品。

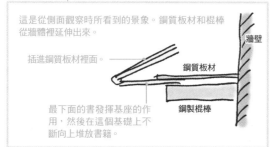

餐桌並不是家庭主婦的辦公桌

效益為重的女性專屬空間

操作縫紉機、熨燙衣服、記錄家庭帳簿等，這些都是家庭主婦需要完成的工作內容，實際要在桌上進行的工作要比想像中的多很多。

餐桌每天至少一定要在早餐、午餐、晚餐之前收拾，如果家中還有活潑好動、四處亂跑的小孩，真的很難在這裡專心工作。那麼，家庭主婦的桌上作業究竟該在什麼地方進行才好呢？

如果家事的進行能更順利，自己能掌控的時間就更加充裕了……。能夠幫助忙於家事的主婦解決這個困擾的方法，就是在廚房的一角設置一個專屬空間。在這裡可以一邊注意烹煮中的料理狀況，一邊利用桌子處理其他家事，整體效率也能有所提升。在入夜後的寶貴休閒時刻，還能在這裡使用電腦或讀書，享受難得的個人時光。

雖然也有人認為只要有一張餐桌就足夠了，但這樣一來，就必須增加許多額外的整理工作，也因此花費了更多時間。所以如果想提升生活品質和做家事的便利性，一個屬於家庭主婦的專屬空間絕對是不可缺少的。

專屬空間是「同時進行」的必備條件

就算空間非常狹窄，但只要兩面都有窗戶，就會讓人感覺寬敞明亮很多。
架子通常都設置成A4尺寸，這一點需要留心注意。
在這裡既可以化妝，也可以使用電腦做各種工作，非常方便。
要在桌上預留線路孔，這樣使用起來才方便。
廚房
當我們在廚房裡煮東西的時候，在隨時注意火候的同時，還可以在裡面的專屬空間看看書。
餐廳

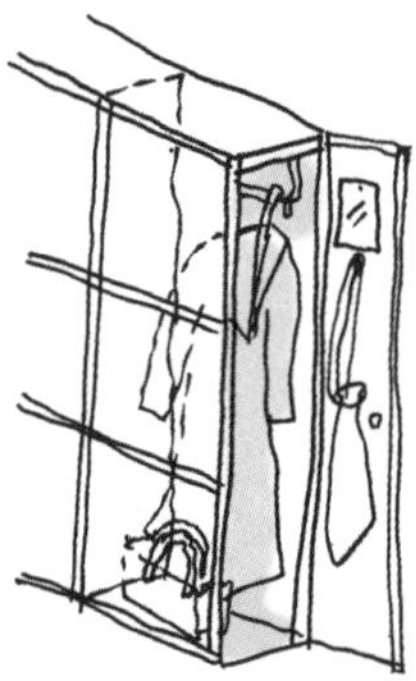

可以把書架的一部分用來做一個小型的衣櫥，專門用來存放購物時穿的衣服和包等物品，非常方便。

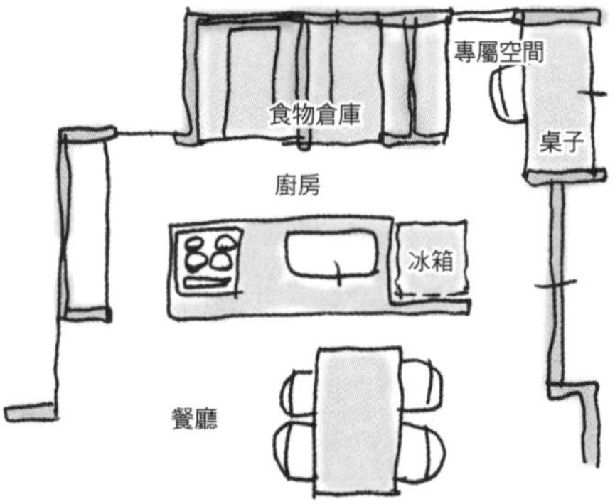
專屬空間
食物倉庫
桌子
廚房
冰箱
餐廳

如果在廚房的某個角落裡專門設置一個專屬空間，「同時進行多項家務」也就不再是負擔。這個空間最好不要安裝門，因為開放式空間能夠讓自己隨時掌握其他房間的情況，這樣心裡才能夠踏實。

根據每個事情的進展狀況對資料進行分類的家務用桌

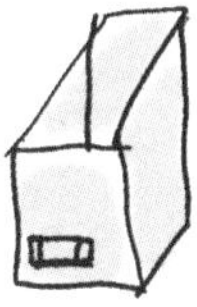

生活中的各種信件、帳單、店家宣傳單等零散的紙類會不斷地累積。如果總是隨手往桌上一丟，日子久了就會變得很難整理。其中是否有需要的資訊？相關的東西是否已經處理好了？每樣東西都應該仔細看過後就進行分類或處理才行。

在大型桌子的另一側安裝上分類箱子。

那種帶蓋的分類箱子既美觀又好用。上面還可以放置小件物品。

文件傳單就這樣丟著是不行的，請一定要適時整理。此外，也請不要將它們隨意黏貼在牆壁或冰箱門上面。

分類箱子的結構

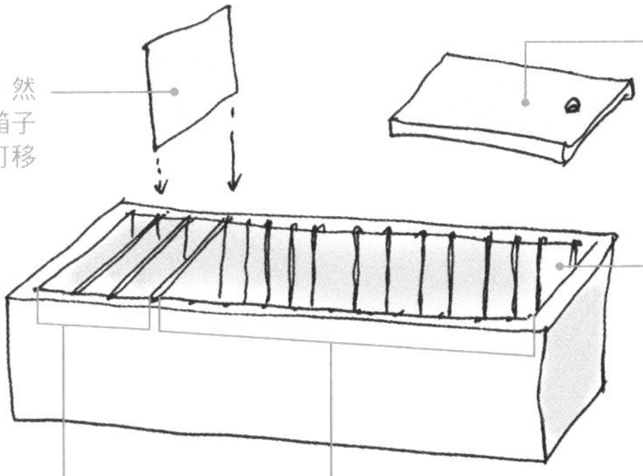

準備幾張薄板，然後把它們插進箱子裡，就變成了可移動式隔間。

還沒有用到的空間上面可以放上一塊板子當成蓋子使用。

雖然從上面看只不過是一個四角形的箱子而已，但只要把薄板插進淺淺的溝槽裡，立刻就變成了一個非常好用的分類箱子。

把還沒來得及處理的和還沒處理完畢的資料分門別類的放進不同的區間裡。

對於那些已經處理完畢的資料，和那些用不上的資料，就可以隨手放在一邊，等一天的工作結束後，就可以直接扔進垃圾桶了。

孩子同樣需要自己的專屬空間！

一個孩子需要幾個榻榻米的空間呢？

作業本和書籍都是學習所必不可少的用品。所以孩子也需要書架。
除了書桌和椅子還有床，需要放置的家具也不少。
衣櫥也是必須要有的配備，因為有很多東西需要存放，如校服、衣服、書包等日常用品。
難以割捨又很喜歡的小件物品真是出乎意料的多。

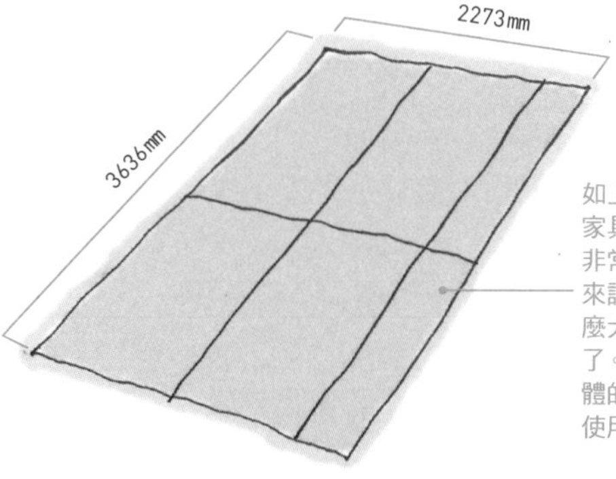
2273mm
3636mm
如上所述，需要放置的家具和需要收納的物品非常多，但對兩個孩子來說，有五個榻榻米那麼大的空間應該就足夠了。因為我們可以從立體的角度來檢視空間的使用。

兒童房真的是很讓人頭痛的空間。用途上必須考量寢室、書房、衣櫃等各式各樣的用途，要收納的東西也非常多。但是在不久的將來，當孩子逐漸成長後，這個空間很快就會派不上用場了。因此我們應該要用立體的角度去檢視兒童房的使用，讓最小的空間能夠發揮最大的效用。

孩子也需要自己的專屬空間。父母養育孩子的職責，就是為了讓他們長大後能夠在社會上獨立撐起一片天。孩子無論是獨自一人傷心地流眼淚、還是偷偷地看成人書籍，都是他們成長之路上必須經歷的過程。而在家裡有一個單獨的專屬空間，這對於孩子來說非常重要。當然，不需要非得是一個獨立的單間才行。

有兄弟姐妹的兒童房

一個男孩一個女孩的話，要設置兩個兒童房

設置2個兒童房，每個房間都是兩個半榻榻米那麼大。

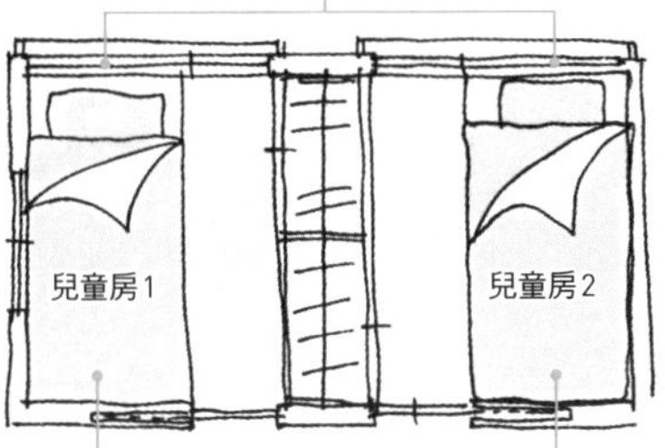
兒童房1
兒童房2

床
桌子

雖然看起來是雙層床，但下層其實是學習空間。書桌的附近可安裝一個書架。

很多孩子都在一家人共用的餐桌上學習。因此可以不必在兒童房裡特意為孩子準備一個學習空間，可以把下層空間當做壁櫥或者衣櫥來使用。

性別相同的兩個孩子可以共用一個兒童房

約5個榻榻米那麼大的兒童房由兩個孩子共同使用。讓人感覺空間比較寬敞。

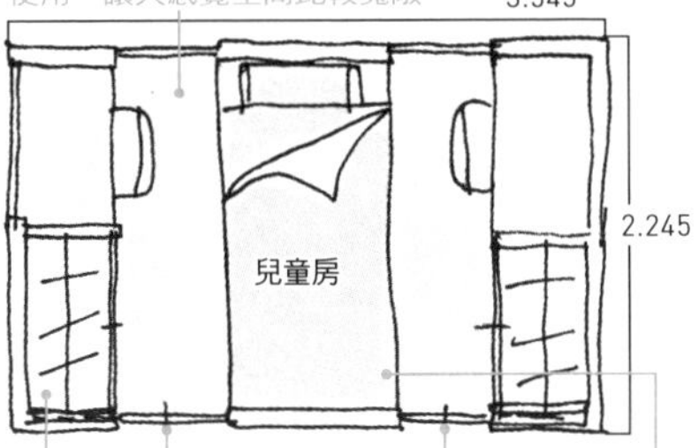
3.545
2.245
兒童房

雖然是一個房間，但有兩個出入口。

桌子

為了能夠給每個孩子自己的專屬空間，要把雙層床安裝在中間，然後把床兩側的空間各自分配。這樣一來，就算兩個孩子吵架了，也可以不必在意對方，等事情平息。

雙層床把整個房間分割成了兩個空間。

就算是雙層床，如果能夠好好使用複合板材等材料，也能夠作為隔間使用，把一個房間分割成2個單間。當孩子年紀稍長之後，這個方法非常實用。

如果孩子數量眾多，可以把多組單人用設備連接起來

只有床和桌子組合而成的單人用設備。

如果兄弟數量較多，並且給每個孩子配置一個單間非常困難，那麼就可以用家具並排建構多組單人用設備。

根據孩子的數量建構設備的組數。就像寄宿制學校的宿舍那樣，生活起來非常快樂。

佛龕應該放在哪裡呢？

供養的場所有很多種

所謂佛龕，就是祭祀佛祖或者祖先的一種場所。如果從父母那裡繼承得來的氣派佛龕因為體積太大而不適合現在的房子，那麼能不能再買一個體積小的來代替它呢？

佛龕可以自己製作，就像製作家具一樣。可以選擇自己喜歡的木材，如胡桃木、樺木或者橡木等，製作適合自己住宅大小的佛龕。跟購買現成品相比，自己製作還更加便宜實惠。

有的人會用一個小小的相框裝上祖先的遺照，平時用水和花供養。

雖然小家庭是現今的趨勢，但我們對祖先的追思緬懷之意其實一直都沒有改變。但有些家庭並沒有設置佛堂空間，因此很多人會因為「佛龕的體積太大」、「和室內裝潢不搭調」等各式各樣的理由，對不知道該把佛龕設在哪裡感到困擾。事實上，只要每天都能對著祖先牌位或相片合掌敬拜，並供養一杯清水，這樣的誠敬心意其實比什麼都重要。如果能抱持這種想法的話，佛龕的設置地點其實也就不是那麼複雜的問題了。若是覺得佛龕體積太大，就更換成小一點的款式，或者只擺上一張祖先相片來追思也並無不可。

讓供養場所自然地融入我們的生活，其實並不是多麼困難的事情。

讓佛龕真正融入到我們的日常生活中

安裝在壁櫥的旁邊

一般認為佛龕的上面不能放置任何東西，這一點一定要注意。

因為要使用照明設備，所以要準備好電源。

佛具根據宗派的不同而有所不同。

下部空間可以當做佛具的收納櫃來用。

佛龕要面向東方或者南方。同時要避免被陽光直射或者被空調的風吹到。

設置在客房的佛龕要能開關才行

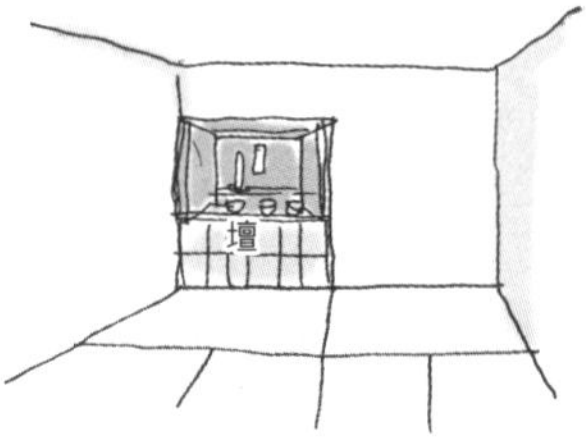

鋪有榻榻米的和室最適合設置佛龕。

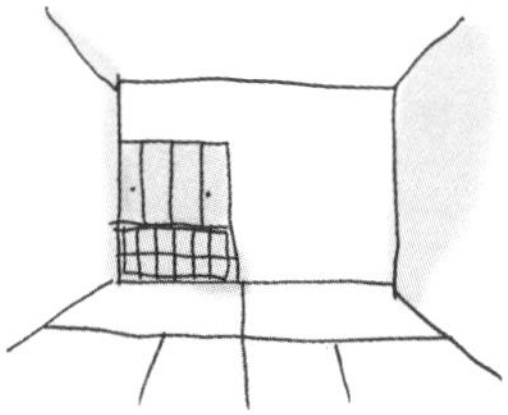

有客人來的時候要記得把佛龕門關上。

設置在客廳的一個角落裡

把佛龕設置在全家人都能隨時合掌敬拜的地方最好。每天的供養也比較容易進行。

在人人都會經過的客廳一角裡設置一個紀念場所，安置一個小小的佛龕。

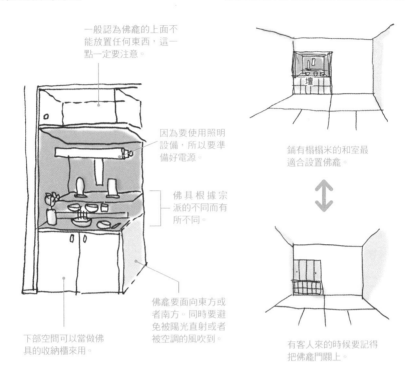

衣物收納也是有竅門的

清洗之後也得費一番功夫

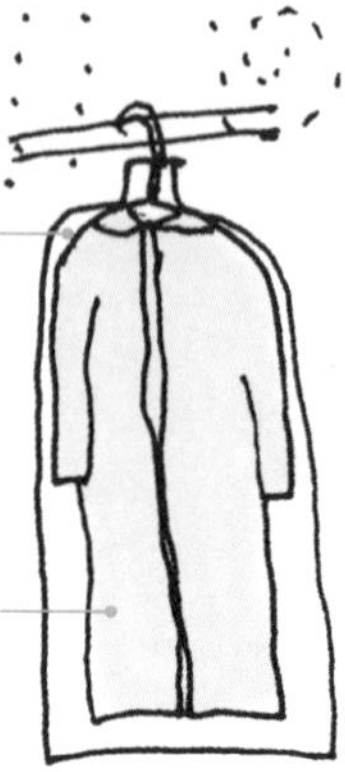

衣物從洗衣店取回來以後，要用衣架掛起來，外面要套上防塵套。

雖然保存在室內，但灰塵照樣會堆積，所以衣服外面要有一層保護才行。建議大家到市面上購買那種防蟲套，不但透氣，而且還能夠看到裡面衣服的具體模樣。

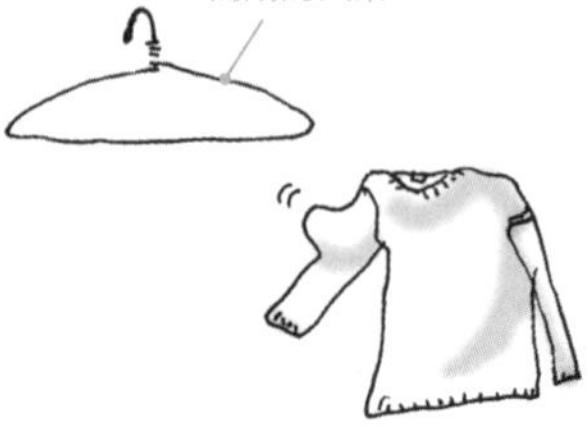

用金屬或者塑膠製作而成的衣架。

洗衣店的衣架有的時候會讓某些衣物的肩部出現變形的現象。

不要塞得滿滿的

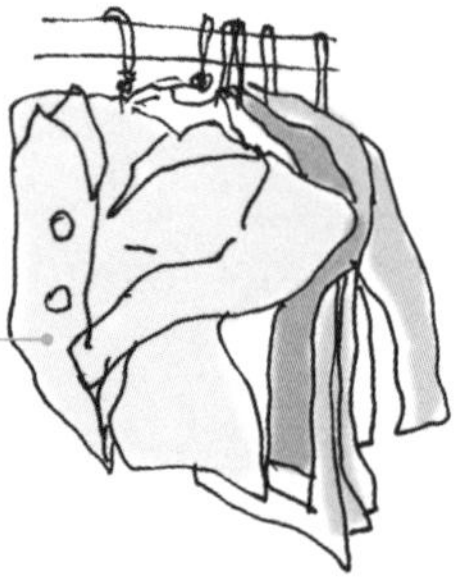

衣櫥裡的衣服塞得滿滿，而且皺巴巴的，這樣絕對不行。

就像米基·洛克在電影《愛你九週半》裡使用的漂亮衣櫥那樣，裡面只有為數不多的幾件品質上乘的衣物。像這種一目了然的收納是相當理想的。

衣帽間是現在非常受到歡迎的收納方式。只要把一年四季的各種衣物全都放進去，就能省去換季時翻箱倒櫃更換衣服的麻煩。雖說如此，但如果我們沒有針對長期保存的環境做好準備的話，可能就會發生讓喜愛的衣服發霉或是日曬褪色等憾事。對於衣物的收納有一項通用的準則，就是避免將剛脫下的衣物直接收進衣櫥。這會讓濕氣和灰塵促使細菌繁殖，導致異味的產生。如果是不會每次穿完就馬上清洗的外套或大衣，就要先掛在通風處一段時間後再收起來會比較好。

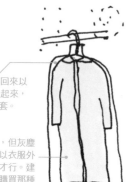

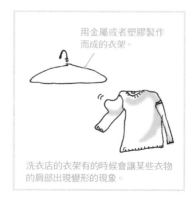

方便使用的衣帽間

有萬全的防黴防蟲對策！

把不銹鋼管子當做支柱豎立起來，相互之間間隔1.2m最合適。

如果能安裝上能感測濕度的換氣扇，那麼就更加放心了。

牆壁的材料最好使用吸濕性較好的材料，如桐木合板等。

可以在牆上和門上安裝掛毛巾的金屬架子，只要在上面掛上一些S型掛鉤，就能夠把一些零散小物掛起整理。

管子
連結金屬零件

不銹鋼管子使用可裝卸式的產品比較方便。

如果陽光會從窗戶外照射過來，那麼衣服肩膀的部分就有可能因長期日曬而導致褪色，所以不安裝窗戶也無妨。

在梅雨季節，一定要把門全部打開，開啟電風扇讓空氣流通。

衣櫥內的空間要分成兩類，一類是專門懸掛收納外套、連身裙等長款衣服的空間，一類是短款衣服的空間。

長款衣服和短款衣服相比，哪一種的數量比較多呢？要根據相應的數量適當安排空間的大小。

如果要在地板上放置物品，一定要把它們先放進箱子裡，而且箱子裡一定要放入防蟲劑和乾燥劑。因為這樣存放東西會導致難以清掃，所以要儘量避免堆積。

利用衣櫥中的掛桿充分利用其上下空間

天花板的高度約2.4m就足夠了。

在衣服和地板之間預留一定的空間，讓吸塵器能夠清掃整個地板，包括最裡面的地方。

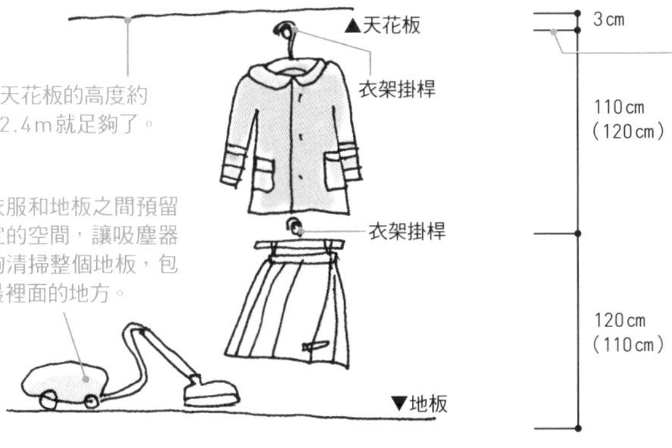
▲天花板
衣架掛桿
衣架掛桿
▼地板
3cm
110cm
(120cm)
120cm
(110cm)

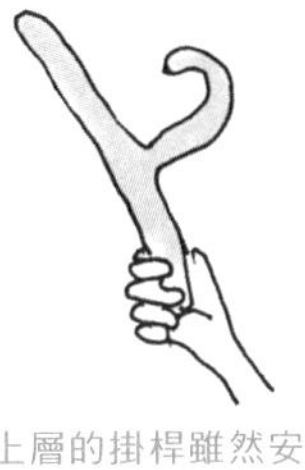

上層的掛桿雖然安裝在高度約為2.3米的地方，但因為我們拿衣架時常有像圖中的這個動作，因此上方還要預留空間。

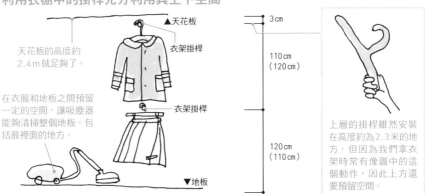

不要直接放進衣櫥裡！

先放進中繼收納空間裡一段時間後再放進衣櫥裡

在房間的一個角落裡準備一個專門的中繼收納空間，把剛換下來的衣服暫時放在這，或者用來存放那些沒必要穿戴一次就必須清洗的衣服。

像外套等衣服，脫下來之後先掛在這裡一段時間，可以晾乾通風，再用刷子刷一刷上面的灰塵。

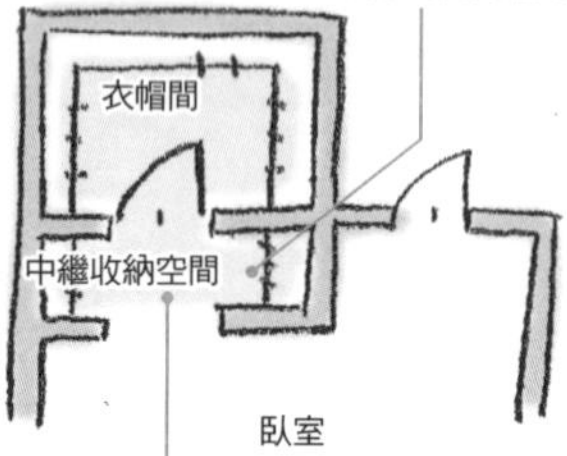

存放在中繼收納空間裡的物品

像牛仔褲、帽子等衣物，因為並不是穿戴一次就需要清洗一次，所以可以暫時掛在這裡晾乾。切記不能脫下來之後就直接放進衣帽間裡。

睡衣應先放進籃子等收納容器之後再放進中繼收納空間裡。

先在中繼收納空間裡存放一段時間之後再放進衣帽間

室內裝修設計師Andree Putman在曼哈頓的公寓式住宅中設計的門口處支架，就是中繼收納空間的一種。

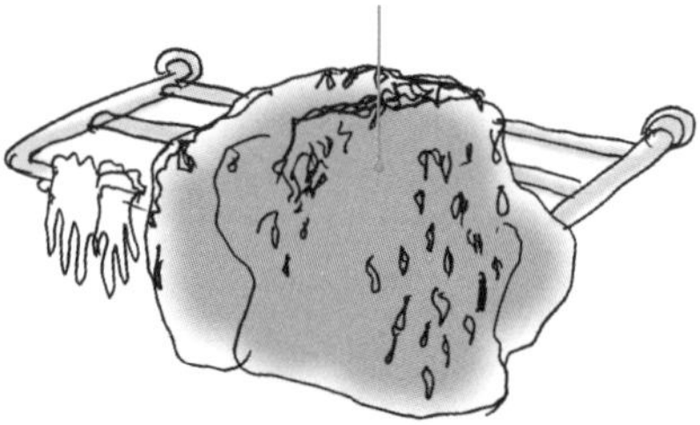

宴會結束回家後，把皮草披肩順手一放就行了。

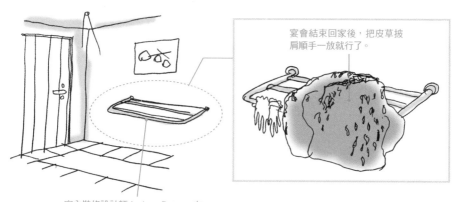

要瞭解什麼樣的空間能讓寵物喜歡

寵物也需要自己的專屬空間

貓咪對浴缸蓋子的上面也情有獨鍾（貓咪喜歡暖和的地方）

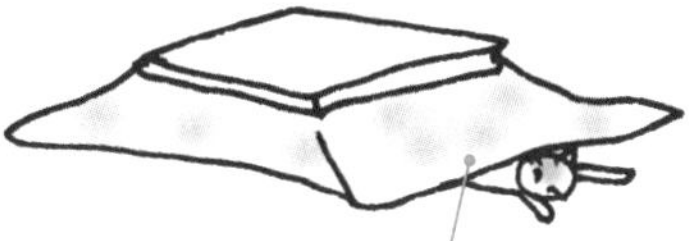

貓咪還喜歡待在暖被桌等安全且暖和的地方。

被陽光曬得暖洋洋的緣廊是貓咪最喜歡的午睡場所。

寵物就是「家人」。牠們對家裡什麼地方最舒服最瞭若指掌。首先，我們得認真觀察牠們的行為，然後再認真傾聽牠們的心聲。如果我們不認真考慮這些小小的家庭成員所需要的專屬場所和心情，那麼恐怕天天都會聽到牠們「充滿壓力的聲音」。

寵物也是家庭成員之一。在今天，和人類住在同一屋簷下的貓貓狗狗數量不少。牠們每天都需要睡眠、需要吃飯並排泄、需要玩耍，甚至需要發呆，所以家裡必須專門針對牠們的需求設置相應的空間才行。有些人可能會對此不以為然，認為「不需要為動物考慮得這麼周全」，只要扔個球供牠們玩耍，放個籠子在那裡讓牠們睡覺，儘量避免牠們影響生活。還有人直接對養寵物持否定態度，覺得不僅會讓房間裡產生異味，還會把牆壁和窗簾弄得亂七八糟，對精心設計的室內裝修簡直就是浪費。

但無論如何，既然養了寵物，就應該努力讓牠生活得更加舒適，讓大家彼此都能心情愉悅。為此，請認真思考一下寵物的專屬場所吧。

寵物的專屬場所有很多種

能讓牠們獲得安全感的籠子

對於那些小型犬等寵物，最好為牠們準備四周都有保護作用的空間。樓梯下面等場所就是能夠讓牠們獲得安全感的好地方。

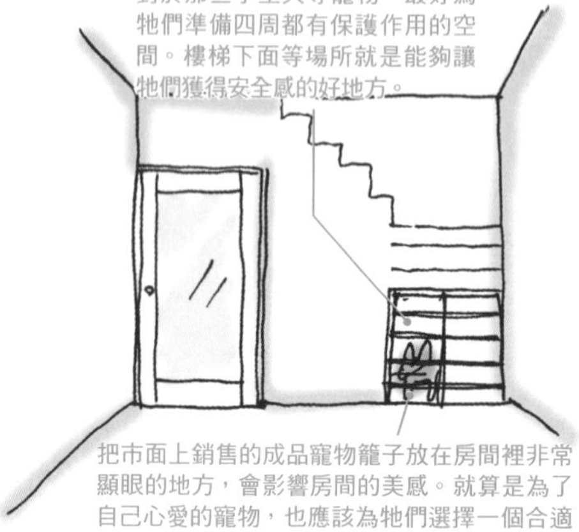

把市面上銷售的成品寵物籠子放在房間裡非常顯眼的地方，會影響房間的美感。就算是為了自己心愛的寵物，也應該為牠們選擇一個合適的場所才行。不需要多麼豪華美麗，但起碼在家裡有客人的時候，寵物們能夠有一個臨時的「避難場所」。

容易上下的樓梯

很多小狗都害怕上下鏤空設計的樓梯。如果能夠為牠們專門設置一個斜坡，上面安裝上有防滑作用的橡膠墊，狗狗們就能夠安心的上下樓梯了。

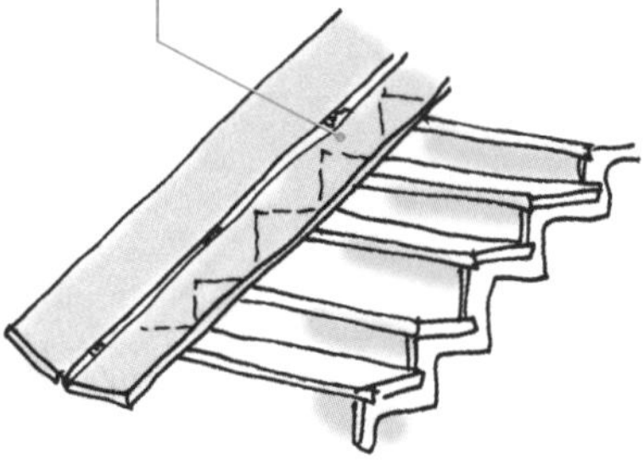

為牠們提供心情舒暢的場所

貓咪喜歡既能夠看到外面的風景，同時又溫暖的地方。如果能夠特意為牠安裝一個樑柱，那麼貓咪一定會愉快的邁出輕盈貓步。

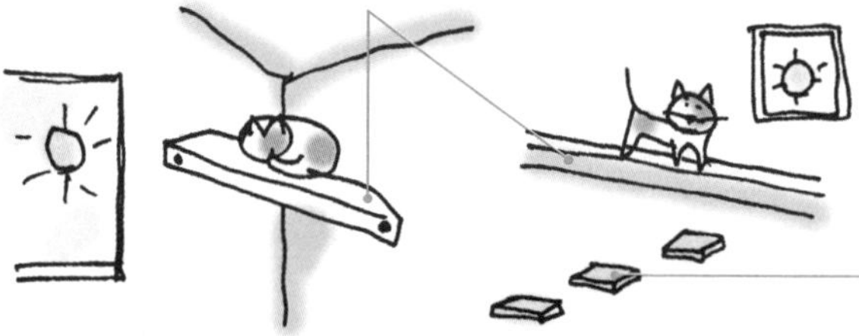

如果在牆壁上安裝上腳踏板，那麼就能夠讓牆壁和窗簾免於貓爪的破壞。

讓牠永遠都不討厭室內生活

在門的下面開一個窗戶，上面安裝玻璃，這樣一來，貓咪就能夠通過這扇窗戶看到外面的風景，因而減輕養在家裡所產生的壓力。不僅如此，這樣做還能夠預防貓咪離家出逃。

舒適愉快的環境讓觀賞魚看起來更加美觀

讓愛好者真正獲得享受的專業設計

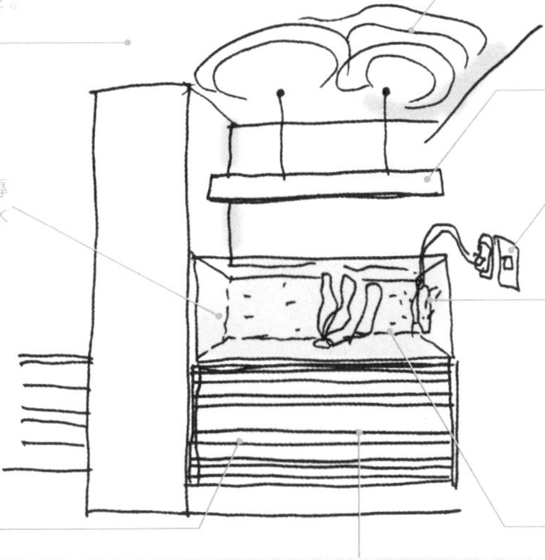
越是光溜溜的天花板，效果就越好。
照明和水波光影相乘的效果，讓天花板上出現碧波蕩漾的美麗景色。
照明是必不可少的裝置
有防漏水功能的水龍頭
在房間的好位置專門設置一個存放水槽的場所。
為了能夠給水槽裡換水，就必須安裝水泵（也必須有插座才行）。除此之外，很多跟電源相關的產品都必須同步安裝才行，如溫度計、加熱器、恆溫自動調節器、壓縮空氣泵、送風機等等。還有，過濾裝置也一定不能忘記安裝。
盡可能讓飼養器具不那麼顯眼。
水槽裡裝入水之後，其重量也是相當大的，這一點一定要注意。如果有必要，就要對地板採取補強措施。

水槽下面的收納空間

如果是不願意讓大家看到的東西，那就把它們隱藏起來。水桶和軟管都是為水槽換水所必需的物品，可以把它們存放在水槽下面的收納空間裡。還可以在牆壁上安裝有防漏水功能的水龍頭。如果隔壁是廁所或者盥洗室，那就更加方便了。

適合初學者的簡單裝置

剛開始的時候

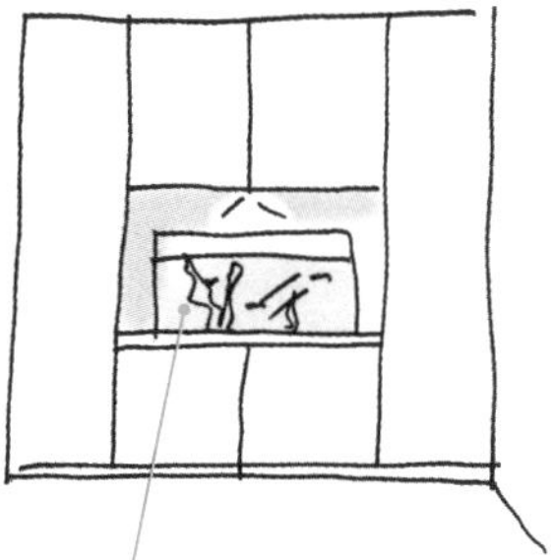

把家具的一部分當做裝飾架用來放置水槽。當然必須預先準備好電源和照明設備。

厭倦了的時候

對於那些並不是真心喜歡養魚的人來說，再見面的時候往往會聽他們這樣說：「養的魚都死了」。如果真是這樣，那麼就可以把水槽搬走，在原本放置水槽的地方存放其他需要的或者喜歡的物品。

既可作為裝飾又具有收納機能的樓梯

鏤空樓梯雖然看起來美觀，但不適合收納

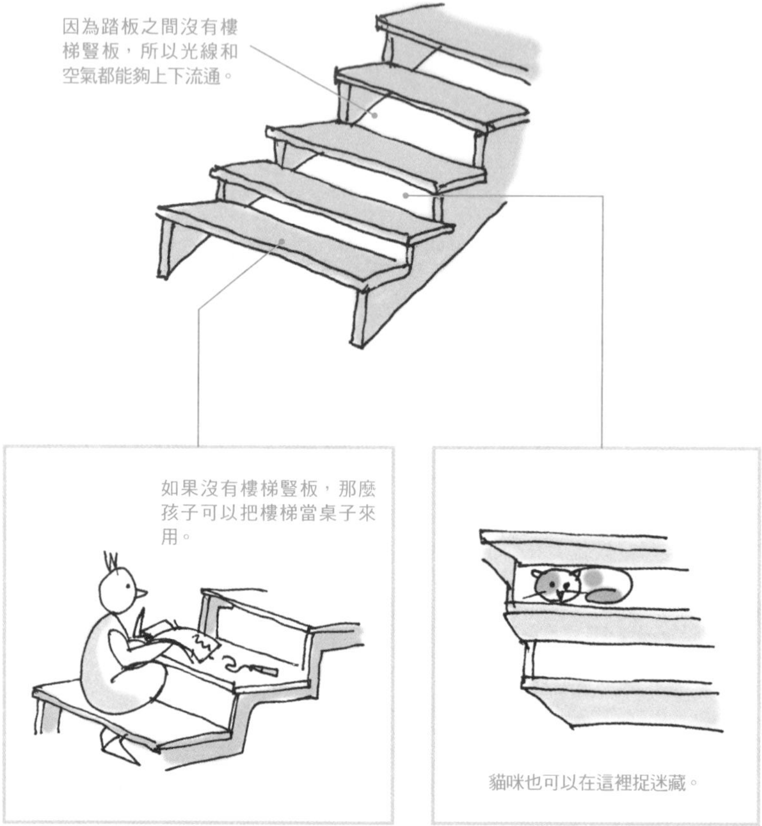
因為踏板之間沒有樓梯豎板，所以光線和空氣都能夠上下流通。
如果沒有樓梯豎板，那麼孩子可以把樓梯當桌子來用。
貓咪也可以在這裡捉迷藏。

連接上層和下層的樓梯不僅具有讓我們上下樓層的基本作用，同時還是呈現空間效果的重要工具。例如，螺旋樓梯作為一件物品，其形狀非常美觀，還能夠作為空間的裝飾元素來使用；鏤空樓梯因為沒有樓梯豎板，光線能夠從上面穿透到下面，輕輕鬆鬆就能建立起挑高效果。

然而，如果想把樓梯下面的空間當做收納空間來使用，那還是把樓梯安裝上樓梯豎板比較好，因為樓梯豎板能夠把樓梯和它下面的空間完全分割開來。樓梯下面的空間其實出人意料的寬敞，所以在進行設計的時候，要把物品進出的便利性作為首要考量。

各式各樣的樓梯收納空間

從側面使用

從側面來使用的話，收納空間的深度能保證90cm左右。

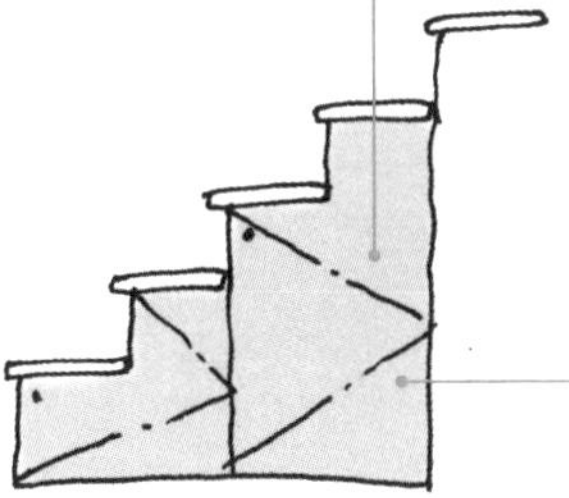

作為家具的樓梯型櫃子也可以從側面來利用空間。

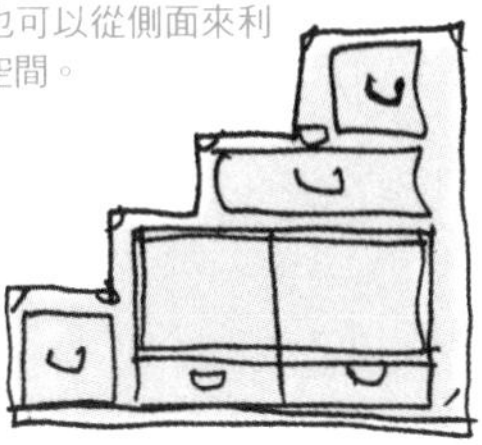

從後面使用

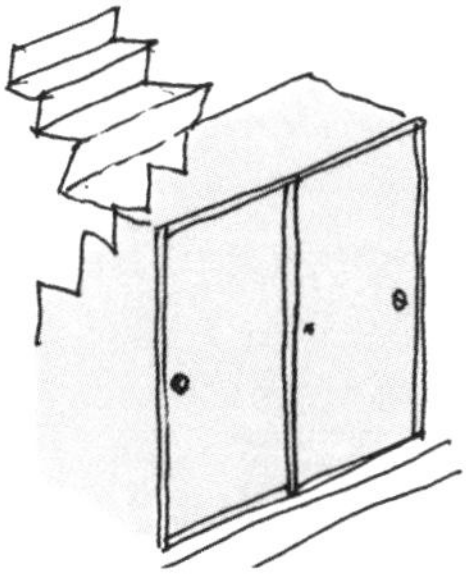

有的人家把樓梯下面的空間當做室外儲存空間來使用，從室外存放或者取出物品。

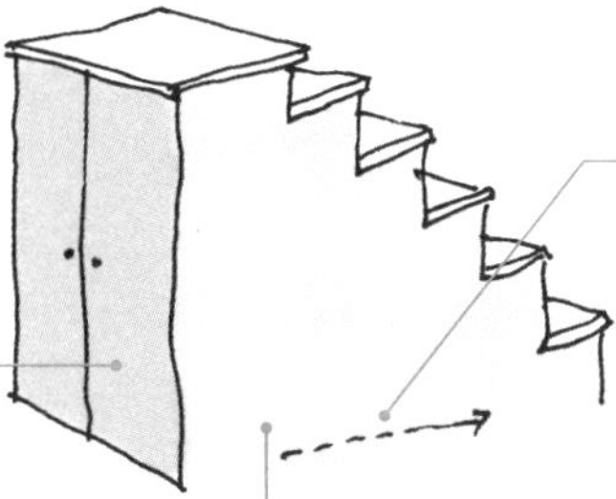

因為深度很深，所以一定要注意物品進出的便利性。另外，必須安裝照明設備。

樓梯的下面雖然可以根據高度的不同存放不同的物品，但如果從後面來使用，那麼最裡面的東西就不方便取出來了。

從上面使用

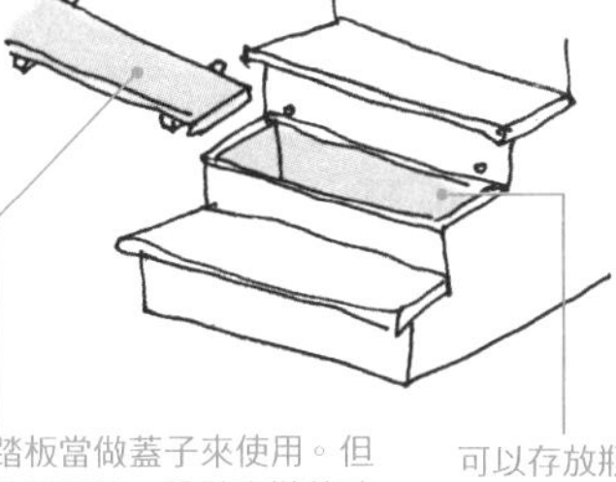

可以把踏板當做蓋子來使用。但要注意的問題是，設計安裝的時候要防止上下樓梯的時候出現嘎吱嘎吱的噪音。

可以存放瓶裝酒等物品，把瓶子按順序豎起來存放。

從前面使用

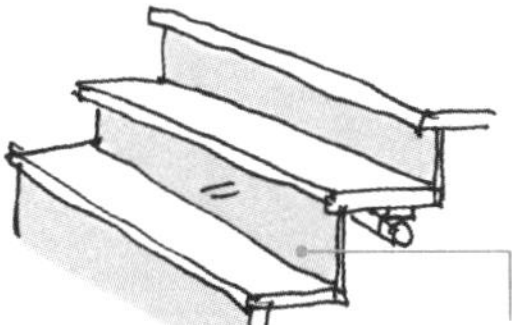

樓梯豎板使用壓克力等板材，設置成能夠安裝或取下的可動式。在裡面安裝照明設備，就變成能夠發光的樓梯。

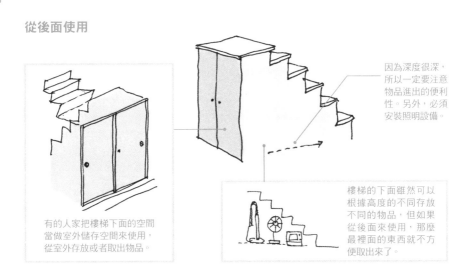

只是用來通過的話實在是浪費

不知從什麼時候開始，走廊成了打扮的場所

一種被稱作夏克釘（shaker peg）的木質掛鉤。設計簡單且美觀，特意向大家推薦。
柱子和柱子之間可以安裝書架。雖然是家庭成員共同使用的書架，但每個人都可以把自己喜歡的書籍擺放在選定的那一層上。
小件物品存放區域
鏡
如果有清掃工具映入眼簾，也會忍不住想打掃一番吧。
位置設置得低一點的話，就算是孩子的身高也能使用自如。
洗手、洗臉、刷牙等行為，根本不需要在封閉式單間裡進行。

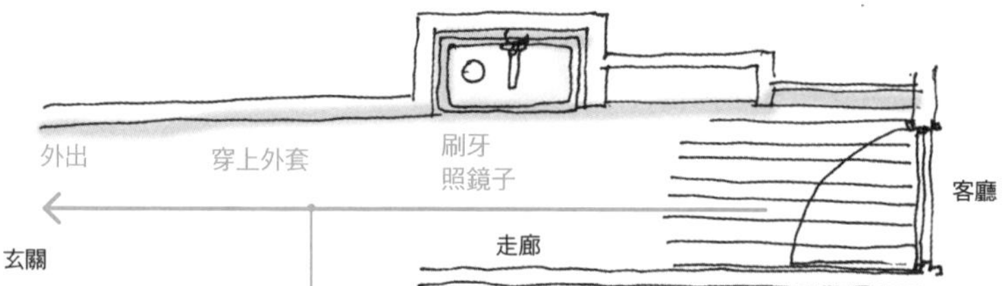
外出
穿上外套
刷牙
照鏡子
客廳
走廊
玄關
從客廳走到玄關的這段路，就是整理著裝準備出門的過程。

一天要踏入很多次的地方，就是樓梯、走廊之類的移動空間。但如果只是在這些空間裡單純地走動，總覺好像很浪費空間似的……

如果能在樓梯的平台上或者走廊上開一扇窗戶，然後在旁邊放一張長凳，立刻就有了一個最好的讀書場所。如果還能安裝一個櫃檯，筆記型電腦便也有了氣氛不同的使用區域。正因為這是一個所有人都必須經過的場地，所以在這裡設置一個全家人都能使用的空間，應該會受到大家歡迎。如果走廊上還安裝了洗臉台和掛衣架，吃完早餐後走向門口的過程中，就能夠完成出門前的所有準備工作。

一邊行走一邊還能夠完成其他準備事項的移動空間，可以說是讓人非常愉快的空間。

充分利用樓梯的轉角平台

把轉角平台變成全家人都能使用的空間

常見的樓梯轉角平台
轉角平台雖然相對來說比較寬敞，但我們卻很少在這裡停留。

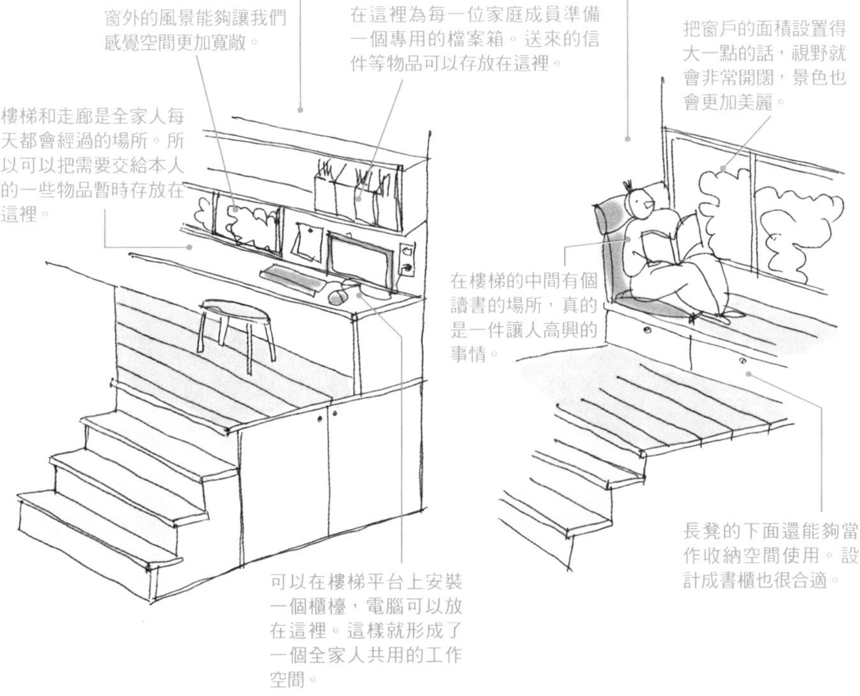
窗外的風景能夠讓我們感覺空間更加寬敞。
在這裡為每一位家庭成員準備一個專用的檔案箱。送來的信件等物品可以存放在這裡。
把窗戶的面積設置得大一點的話，視野就會非常開闊，景色也會更加美麗。
樓梯和走廊是全家人每天都會經過的場所。所以可以把需要交給本人的一些物品暫時存放在這裡。
在樓梯的中間有個讀書的場所，真的是一件讓人高興的事情。
長凳的下面還能夠當作收納空間使用。設計成書櫃也很合適。
可以在樓梯平台上安裝一個櫃檯，電腦可以放在這裡。這樣就形成了一個全家人共用的工作空間。

有效地利用外部儲物空間

模組化倉庫破壞了整座住宅的美觀度

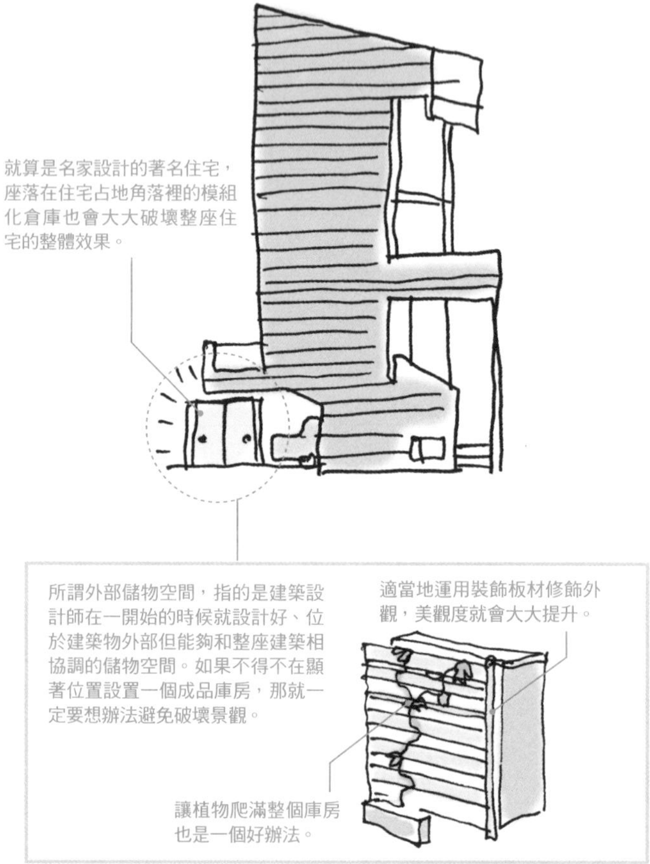
就算是名家設計的著名住宅，座落在住宅占地角落裡的模組化倉庫也會大大破壞整座住宅的整體效果。
所謂外部儲物空間，指的是建築設計師在一開始的時候就設計好、位於建築物外部但能夠和整座建築相協調的儲物空間。如果不得不在顯著位置設置一個成品庫房，那就一定要想辦法避免破壞景觀。
適當地運用裝飾板材修飾外觀，美觀度就會大大提升。
讓植物爬滿整個庫房也是一個好辦法。

像戶外用品、園藝專用物品、車用品等在住房外使用的東西就適合保存在外面。若想減少住房內部的物品數量，讓生活環境更加清爽整潔，室外儲物空間就是必備裝備。因此，在新建或者改建住宅的時候，一定要把外部儲物空間列入計畫。

只要用心就會發現，住宅外面還有很多可以利用的閒置空間，如樓梯下面的空間可以從外側使用等等。尋找出那些小小的閒置空間，然後用來創造出一些外部儲物機能，這樣就能夠確保足夠的收納量了。不過，建議大家還是不要為了充分利用「建築物」，就購置一些價格低廉的成品小倉庫直接放置在那裡。

根據不同用途創造多個外部儲物空間

設置在門口旁邊

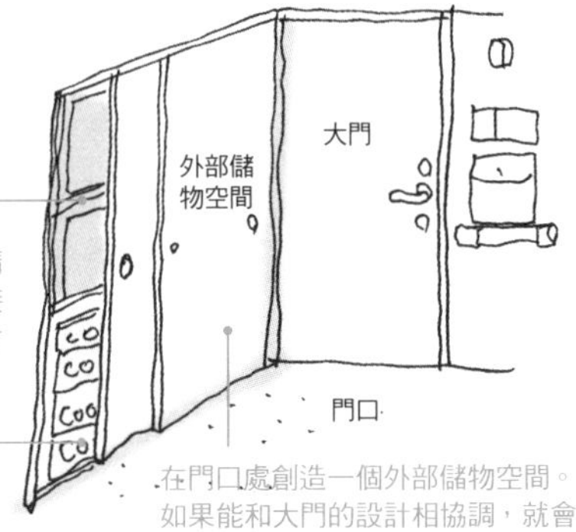

外部儲物空間
大門
門口

像食品等定期購買的物品可以直接送進門口旁的小倉庫。

宅配等物品的箱子。

在門口處創造一個外部儲物空間。如果能和大門的設計相協調，就會大大提升美觀度。也可以把戶外用品存放在這裡。

COOP
COOP
COOP
COOP

如果沒有外部儲物空間的，那麼門口附近就很難整潔清爽。

還可以設置在院子裡

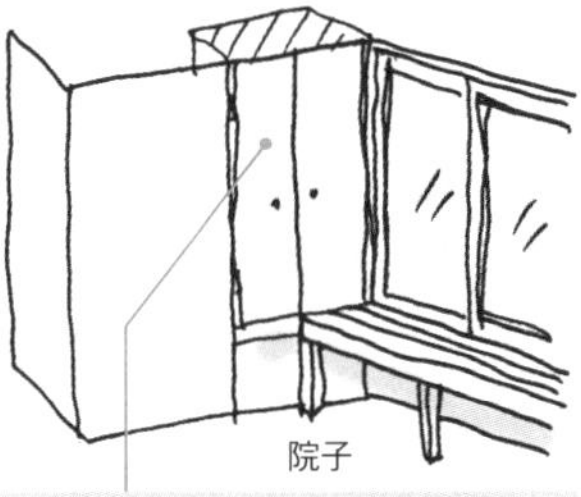

院子

用來收納在院子裡使用的工具。沾了泥巴的工具就不要再把它們拿進屋子裡。

設置在車庫附近

從外面使用樓梯下面的空間。

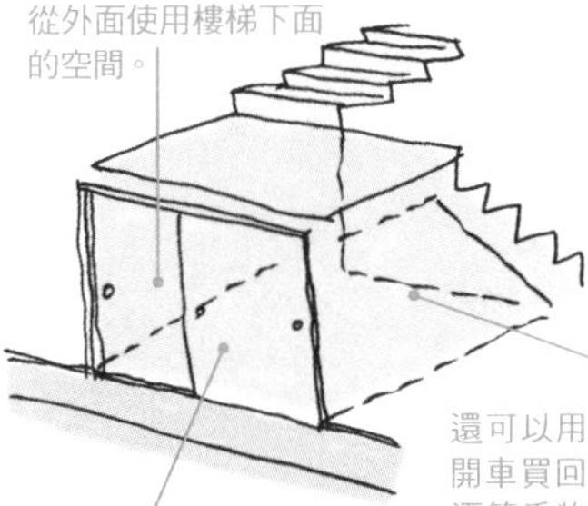

可以用來存放防滑輪胎等物品。

還可以用來存放專門開車買回來的箱裝啤酒等重物。如果在室內也有一扇門的話，就可以直接從這裡搬進屋裡了，非常方便。

如果條件允許，那麼儘量把外部儲物空間設置得大一點

從正面觀察根本看不出來是小倉庫。

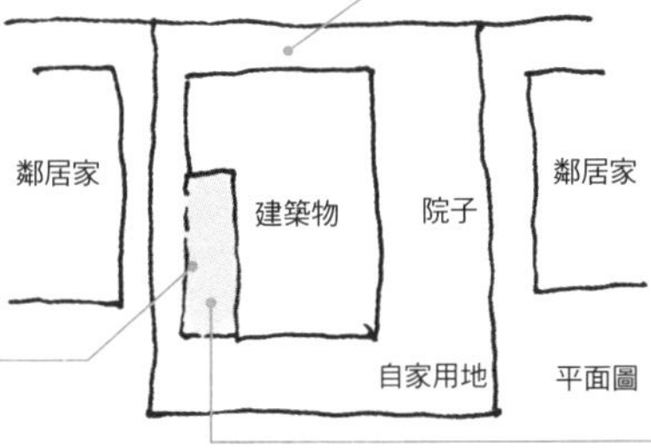

道路
鄰居家
建築物
院子
鄰居家
自家用地
平面圖

利用建築物的凹陷處創造外部儲物空間。使用聚碳酸酯波浪板搭建屋頂（離屋），內側只需要簡單地包圍起來就行，不但簡單，而且成本低廉。建築面積當然也要計算在內！

外部儲物空間
建築物

作為離屋，要緊挨著建築物建設在它的旁邊。

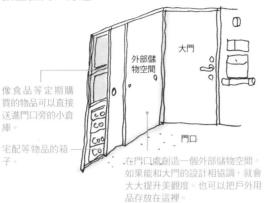

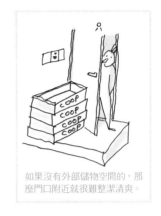

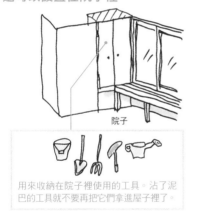

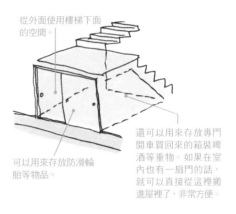

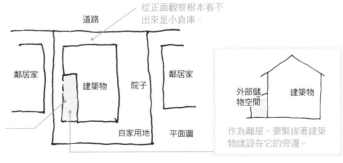

擁有後院的幸福

開創一條直接通往後院的內部路線

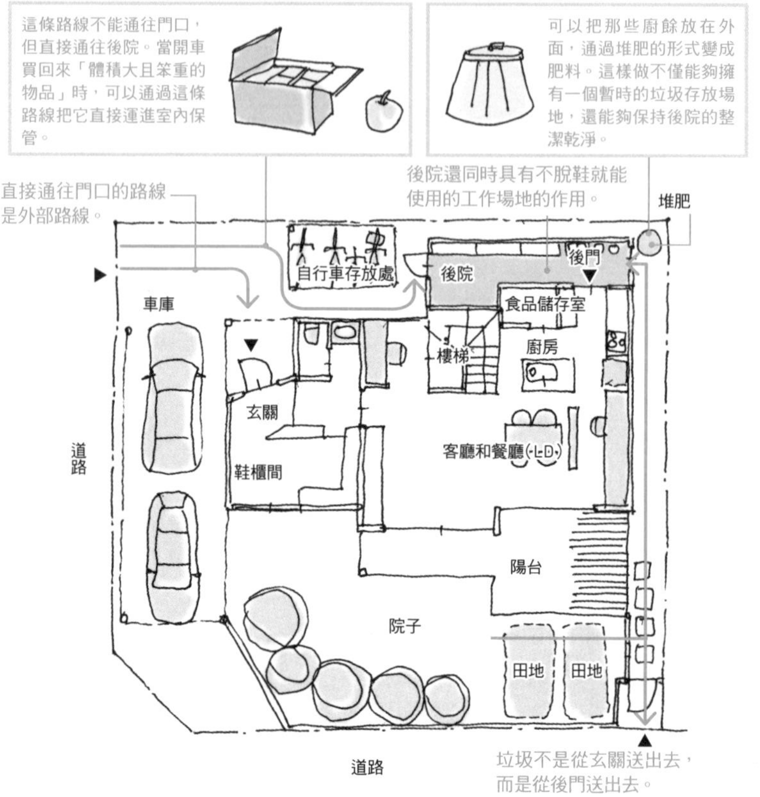
這條路線不能通往門口，但直接通往後院。當開車買回來「體積大且笨重的物品」時，可以通過這條路線把它直接運進室內保管。
可以把那些廚餘放在外面，通過堆肥的形式變成肥料。這樣做不僅能夠擁有一個暫時的垃圾存放場地，還能夠保持後院的整潔乾淨。
後院還同時具有不脫鞋就能使用的工作場地的作用。
直接通往門口的路線是外部路線。
堆肥
自行車存放處
後院
後門
食品儲存室
車庫
樓梯
廚房
玄關
客廳和餐廳(L·D)
道路
鞋櫃間
陽台
院子
田地
田地
道路
垃圾不是從玄關送出去，而是從後門送出去。

放在後院裡的物品
把那些帶有泥土的東西在後院的用自來水清洗完之後再拿進家中。
必須進行修剪的植物
剛剛從田裡採收的蔬菜。

在這裡所說的後院，其實指的是「兼具工作場所功能的外部儲物空間」。這裡不僅能夠從外面直接進出，而且跟廚房也不過一門之隔而已。

我們能夠在後院裡完成一些在室內不方便進行的工作，例如會沾上泥土的工作，垃圾分類的工作等。做這些工作所使用的工具可以排放在架子裡，因為後院裡也有自來水水槽，所以工作能夠順利地進展。

因為後院位於建築物的後面，所以不需要太注重美觀度。其牆壁和屋頂可以使用聚碳酸酯波浪板，地板不需要進行裝修，可以維持素材原貌，也可以直接使用土壤地面。用價格實惠的材料簡單打造就行。

非常方便實用的簡便後院

資源回收物的分類架。因為紙箱子的數量會不斷增加，所以要確保有足夠的存放空間。

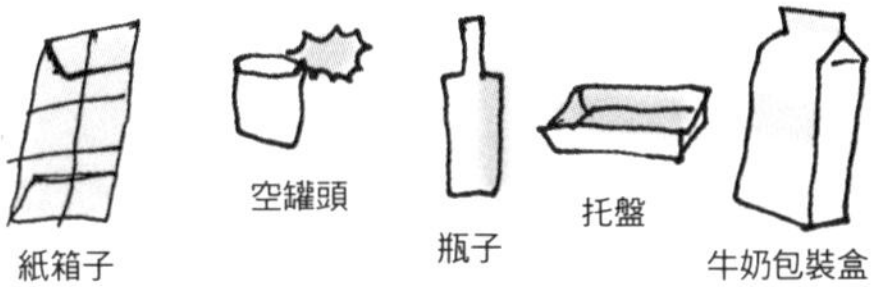
空罐頭
托盤
紙箱子
瓶子
牛奶包裝盒

使用聚碳酸酯波浪板圍成牆壁和屋頂。

存放根莖類蔬菜和食物等儲藏品的架子。

清洗根莖類蔬菜和靴子等帶泥巴物品的不銹鋼水槽。

在最方便送出垃圾的地方放置垃圾桶。

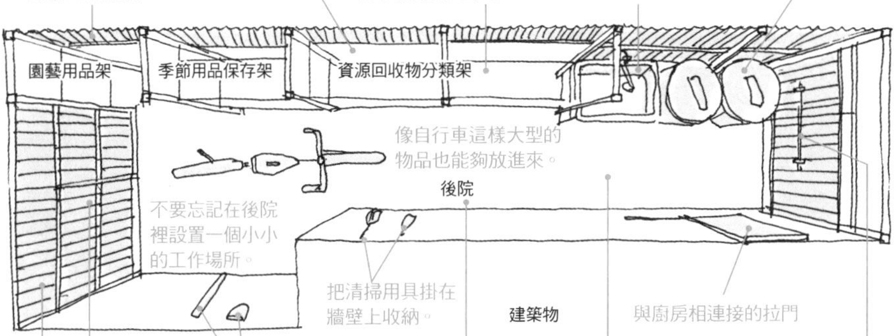
園藝用品架
季節用品保存架
資源回收物分類架
後院
建築物

像自行車這樣大型的物品也能夠放進來。

不要忘記在後院裡設置一個小小的工作場所。

把清掃用具掛在牆壁上收納。

與廚房相連接的拉門

親子門用門閂鎖住

如果能同時安裝左右門板一大一小的親子門，這樣就能夠很方便的把體積較大的物品搬進搬出。

為了便於維修維護住宅建築物的配管設備，要把它們裸露出來。

地板用水泥砂漿壓實抹平。

＊因為由柱子和屋頂圍成的空間同樣也有建蔽率和容積率的要求，所以一定要注意才行。

＊＊根據第22條（日本建築基準法）的規定，有的地方依要求必須採取防火措施，那就必須進行相應的裝修才行。

門也是簡簡單單製作而成就行。只要把無垢板材並排，然後釘上橫板固定就可以了。屬於自己動手就能夠完成的小工程。

屋頂只要確保不漏雨就行。

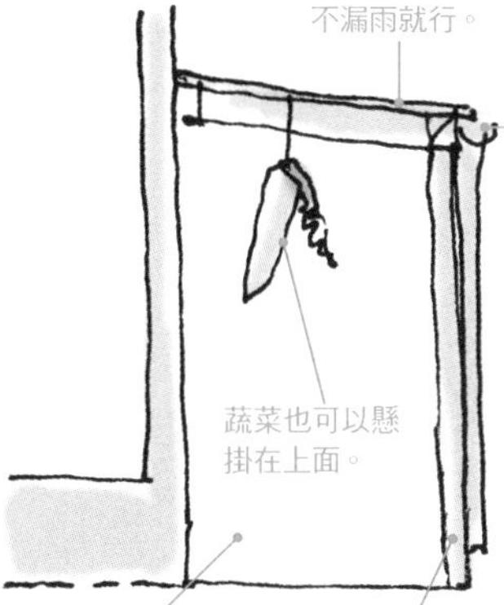
雨漏
排水管
屋內
屋外

蔬菜也可以懸掛在上面。

戶外儲藏室只要粗略建造就能輕鬆隨興地使用。

屋頂和牆壁使用透光佳的材質，白天就不需要燈光了。

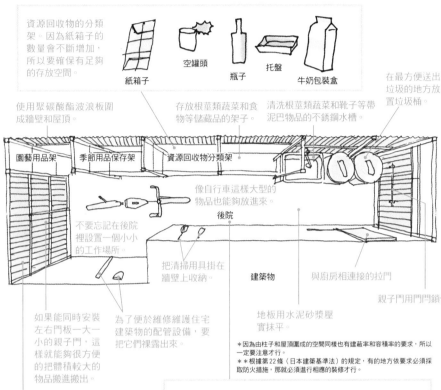

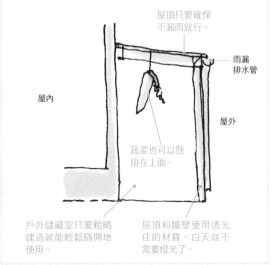

好好停放自己的愛車

是停放在車棚裡好呢，還是停放在車庫裡好呢？

車棚（只有屋頂）的製作相對比較簡便

就算是停放在建築物的外面，如果能有個車棚，下雨天或者裝卸行李的時候也會方便很多。因為對霜也有防範作用，所以車子也不容易變髒。只是有一個問題必須考慮，那就是跟整個住宅能否協調。

作為防盜措施，可以在出入口處設置一個柵門。

車庫要設在建築物內部

斷面圖

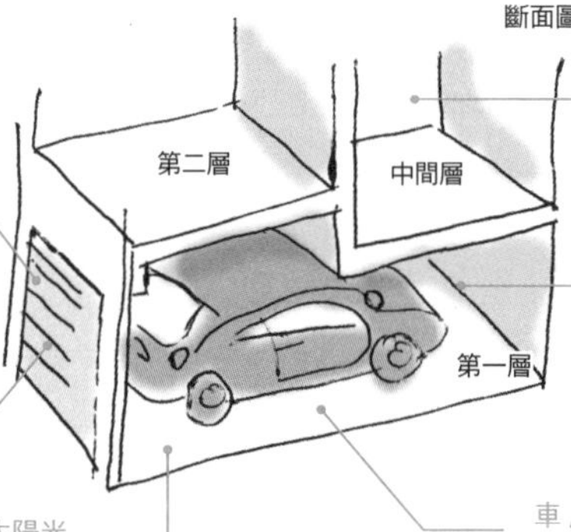

能夠在上面那一層建設一個天花板較高的房間。

如果安裝一般的捲門，那麼車庫的天花板高度要比汽車的高度高50cm左右。

車庫的一端不需要很高的高度。這樣就可以把空間讓給上層的房間。

捲門具有很好的防盜功能。

車庫能夠保護車輛不受太陽光的照射，避免車輛烤漆劣化。設在建築物內部的車庫，對於那些愛車一族來說，無疑是最理想的停車場所了。

車庫的深度可以是汽車的長度＋前後各20cm左右（根據每個人的駕駛水準而有所不同）。

熱愛汽車的男性不在少數。不僅僅是乘坐，就算是鑑賞、維修保養、整備等過程，都能夠讓他們獲得相當大的滿足感。

對於這麼喜愛汽車的人們來說，該如何準備停車空間絕對是一件大事。僅僅在屋外搭建一個車棚（只有屋頂）難以滿足他們對愛車的愛護之情，建設一個獨立的車庫空間才是他們最希望達成的心願。話雖然這麼說，但土地並不是應有盡有的。要想實現在建築物內部建設車庫的心願，就得想辦法把居住空間巧妙地分出一部分，設置一個寬敞又機能充實的車庫。

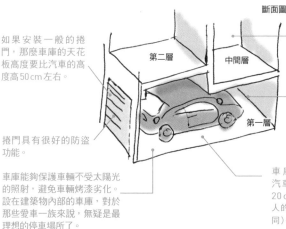

充分利用好車庫

能夠讓人感受到愛車就在身邊的空間

設置一個開口，讓人從室內就能夠欣賞到自己的愛車。也可以以車庫為中心進行四周房間的規劃。

把車庫當作個人興趣愛好的空間

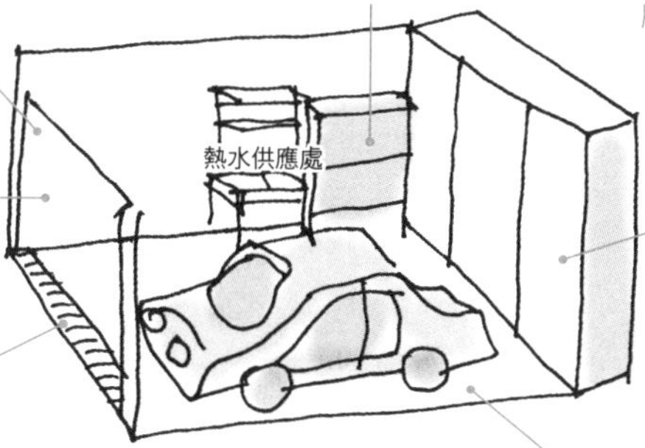
車庫還可以成為改裝汽車的工作場所。
工具和道具存放箱
最好再設置一個存放輪胎等大型物品的倉庫。
熱水供應處
把捲門關閉後，車庫就成了自己的專屬空間。
預先建設好排水溝
地板要製作成結實且能夠直接用水清洗的加工地板。

充分利用天花板部分的縫隙

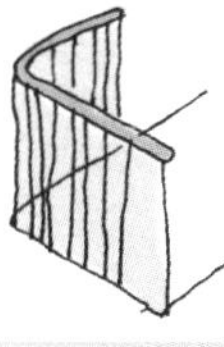

橫向拉伸的捲門因為其固定邊緣向側面突出，所以就算高度上沒有餘裕也不影響安裝。

捲門的種類非常豐富，而且有很多產品的設計非常美觀。

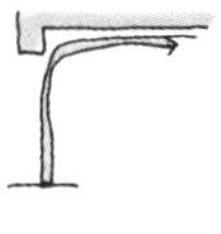

沿著天花板收放的滑升門類型。

門板向上翻轉的上掀門類型。

上方有個箱體，捲門收起後就收納在此。
▼2樓
▼1樓

如果是上下開關的捲門，在出入口的上方可以安裝收納箱。除此之外的天花板部分可以透過安裝吊櫃等方式發揮收納的作用。

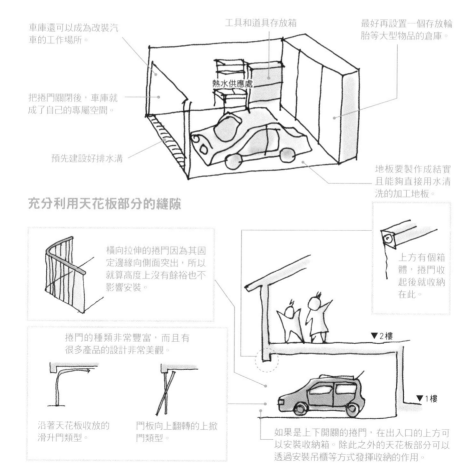

移走無處可停的自行車

沒有歸屬的自行車破壞了環境的整齊感

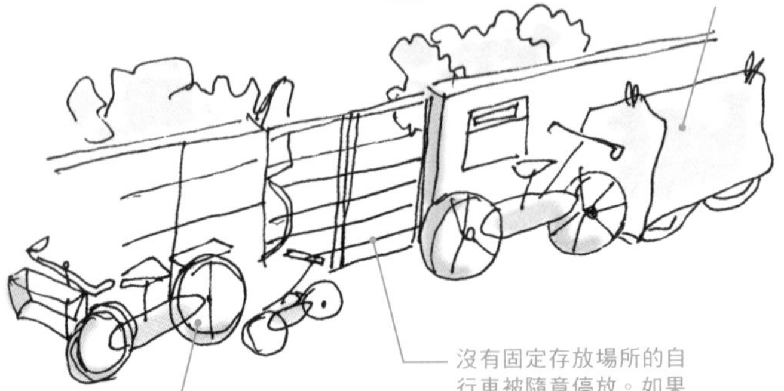
為自行車遮雨用的帆布無論是蓋上去還是取下來的時候都非常麻煩，而且取下後的收納也是個難題。特別是颳風的時候，無論是被風吹翻了還是直接被吹跑了，都不是什麼好事情。
沒有固定存放場所的自行車被隨意停放。如果停在路邊，就會成為道路通行的障礙物，這是絕對不允許的。
散落在房子周圍的自行車是家人散漫邋遢的表現。

如果把自行車隨意停放在自家門前，那麼跟周圍的人家相比，會讓人感覺格外的散漫邋遢。

跟汽車不同的是，每個家庭所擁有的自行車數量通常比較多。如果家裡沒有專門的停放場地，勢必會亂七八糟的停放在住宅的周圍，無論怎樣對家裡進行收拾整理，光看四周環境就容易給人一種「邋遢散漫」的印象。

就算家裡早就設置了專用的停放場地，如果停放和取出不方便，使用效率也會不佳。最好把它設置在通往大門口的通道上，而且一定要是能遮風避雨的地方。如果同時安裝上預防傾倒的支架等配件，那就更加完美了。

不過，一定不能把它設置在停車場裡面。因為隨著家裡孩子不斷成長，家人所需要的自行車數量和大小都會不斷變化。

自行車的放置場大概可以分為三大類

使用支架和掛勾

立地型支架的種類非常多，有把自行車直立起來存放的，也有把自行車沿水平方向上下兩輛同時存放起來的樣式。

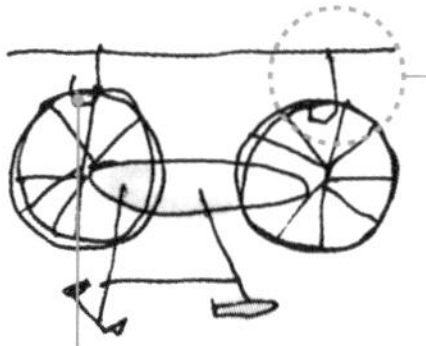

可以在家裡的天花板或者牆壁上安裝支架和掛鉤，然後把自行車掛在上面。對於那些必須保管在室內的高價自行車，就適合這種作法。

如果把台座或支架安裝在陽台等地方，因為上方有遮蔽物，那麼自行車就不會被雨淋濕了。

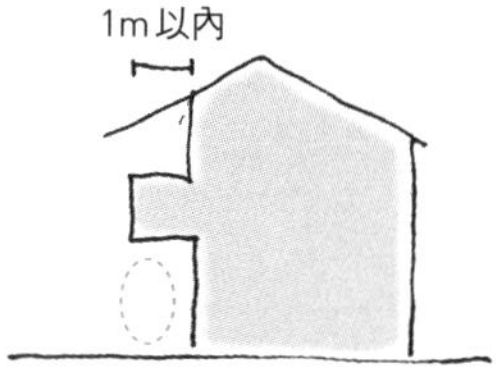

＊因為也要計算在建蔽率之內，所以要確保在1米以內。

使用成品棚子

把遮陽棚等成品安裝在建築物的牆壁上，就算下雨也不會被淋濕。

如果也安裝上支架和台座，那麼自行車就不容易傾倒了。

按照日本建築基準法的規定，自行車棚（帶屋頂）也會影響建蔽率和容積率。另外，雖然地域不同規定也有所不同，但有的地方規定屋頂必須使用不可燃材料（日本建築基準法第22條）。

使用車庫或車棚的一部分

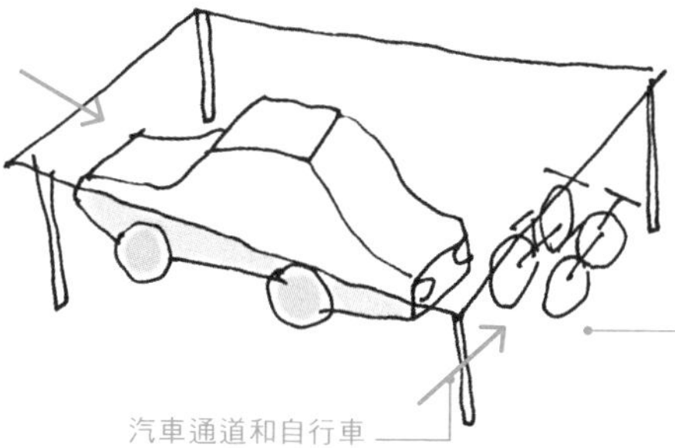

汽車通道和自行車的出入通道要分開。

如果自行車和汽車通道不分開使用，那麼不但存在安全隱憂，而且孩子騎車玩耍時也有可能會弄傷非常重要的汽車。

COLUMN 3

窗簾收納

我曾經去一個家庭裡做客，看到窗簾上縫了很多口袋。這跟幾十年前每個家庭裡都有的收納掛袋完全不同，那時候的收納掛袋一般都掛在電話的附近，上面也有口袋。但這家的窗簾和縫製的口袋從整體來看是經過精心設計的，放進口袋裡的物品也同樣經過仔細斟酌，彼此間非常搭配。

利用紡織品製作收納用具的效益或許比我們想像的更加美好。不但能夠用水清洗，而且大小可以自由決定，就連顏色和圖案都有很多種選項。還有一個更大的優勢，那就是我們自己在家裡就能夠輕鬆縫製。不同的選擇能夠為我們的日常家庭生活增添很多樂趣。

縫製了口袋的窗簾

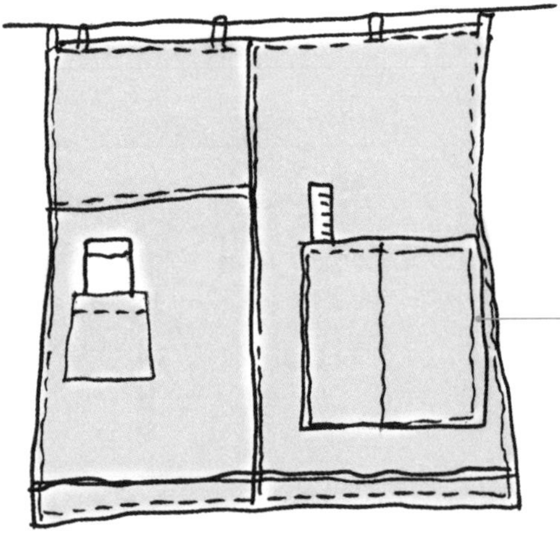

如果用布料縫製收納用具，就完全可以根據自己的喜好進行自由選擇。窗簾收納不僅可以掛在窗戶上，還可以掛在牆壁上。

其創意很有可能是來自圍裙吧？

第4章

好廚房讓我們愛上做飯

生活型態決定廚房的樣式

廚房類型差異的對與錯

一列型

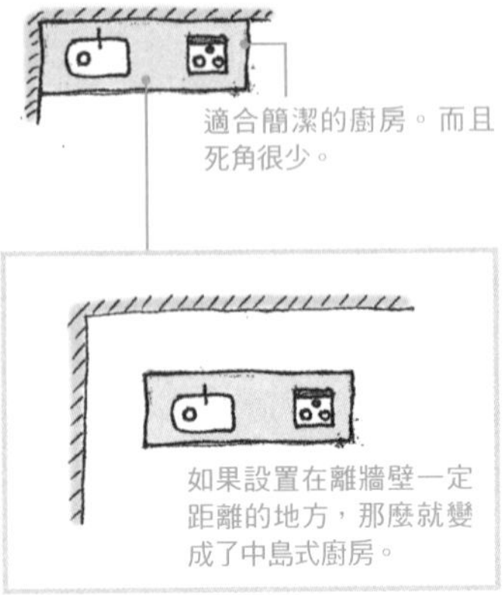
適合簡潔的廚房。而且死角很少。
如果設置在離牆壁一定距離的地方，那麼就變成了中島式廚房。

兩列型

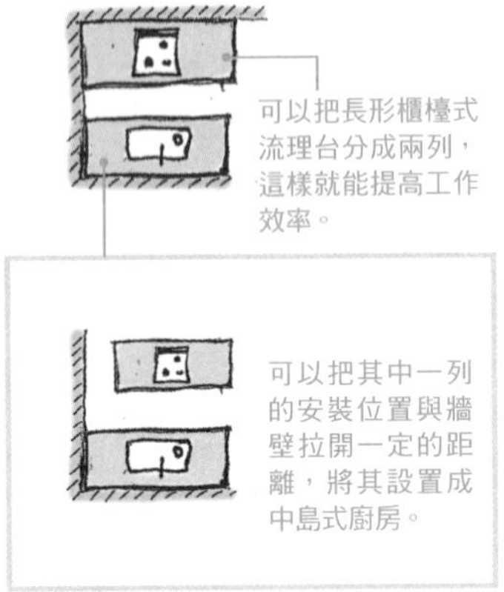
可以把長形櫃檯式流理台分成兩列，這樣就能提高工作效率。
可以把其中一列的安裝位置與牆壁拉開一定的距離，將其設置成中島式廚房。

L型

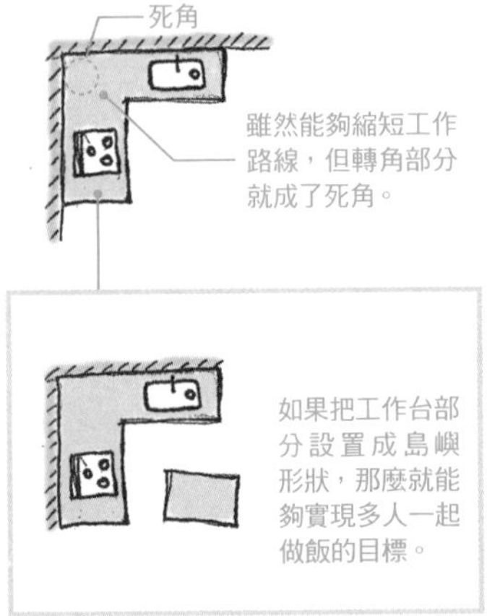
死角
雖然能夠縮短工作路線，但轉角部分就成了死角。
如果把工作台部分設置成島嶼形狀，那麼就能夠實現多人一起做飯的目標。

U型

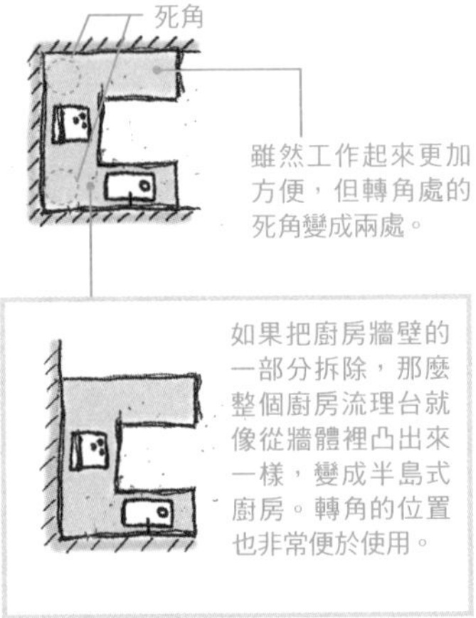
死角
雖然工作起來更加方便，但轉角處的死角變成兩處。
如果把廚房牆壁的一部分拆除，那麼整個廚房流理台就像從牆體裡凸出來一樣，變成半島式廚房。轉角的位置也非常便於使用。

雖然做飯不過是家事的一種，但同時也是和家人朋友交流的一種工具。應該還有人以料理為興趣愛好吧。

要想規劃一個便於使用的廚房，首先得考慮清楚一個問題，那就是料理在自己的生活當中究竟能發揮什麼樣的作用。我們家是需要一個跟餐廳關係密切的開放式廚房，還是需要一個獨立性很強的封閉式廚房，答案其實就隱藏在自己的生活型態當中。是一列型廚房合適，還是U型廚房合適，相信只要思考這些問題，並經過仔細評估之後，大家都能從中找到最適合的選擇。

最便於使用的廚房流理台尺寸

三口爐款式的最小尺寸長度是60cm。也有75cm的，還有90cm的。

壁櫥要安裝在距離自來水水槽70cm以上的位置。同時，自來水水槽的邊緣要和牆壁確保10cm的寬度。

考慮到自來水會四處飛濺這一點，所以水槽的旁邊要有15cm以上的寬度。

從防火角度來考慮，爐具和牆壁之間要保持15cm以上的距離。這樣做同時還具有避免油四處飛濺的功用。

因為在這裡工作，所以需要至少45cm的距離。

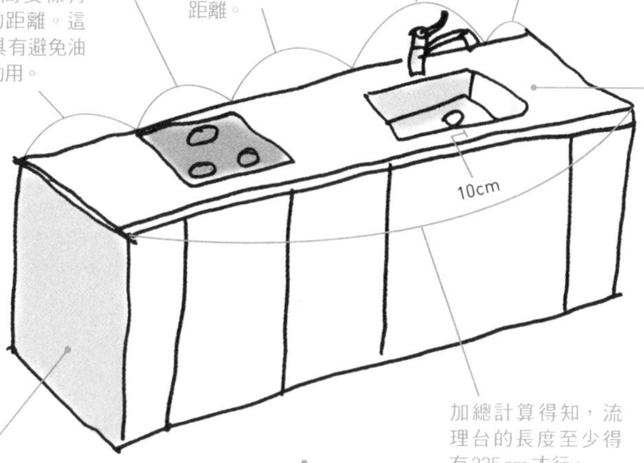

加總計算得知，流理台的長度至少得有225cm才行。

廚房工作台的寬度

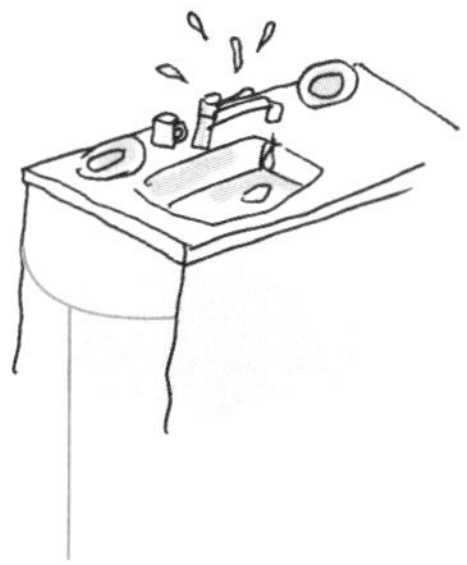

寬度至少得有60cm。安裝水槽和爐具的島嶼部分寬度最好在75-90cm之間。這樣做不僅是為了避免自來水和食用油四處飛濺，而且還能當做擺放盤子的空間來使用。

流理台和工作台之間的通道寬度

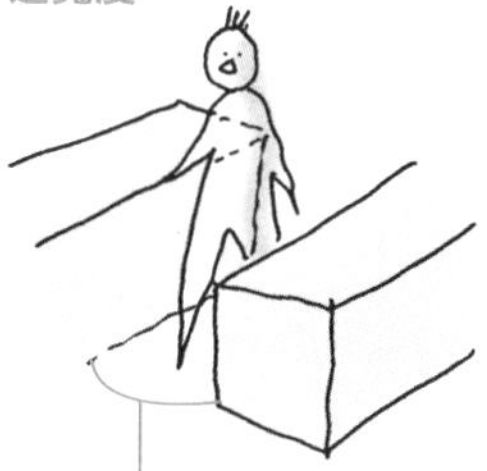

兩列型廚房和U字型廚房通道部分的寬度大約是80cm就行。如果再考慮到兩個人同時在廚房工作的情況，通道的寬度應該在90cm以上。

廚房工作台的高度

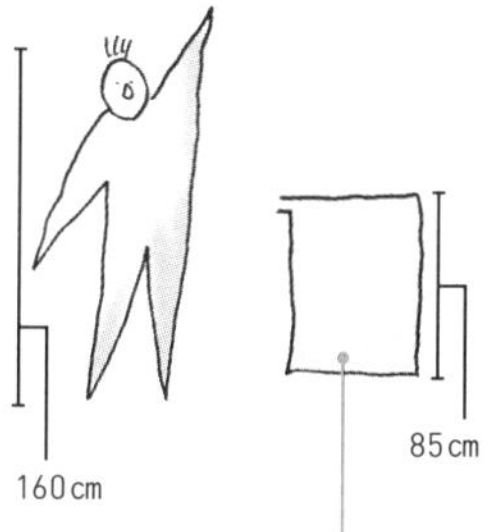

高度按照「身高÷2+5cm」的公式計算最合適。如果身高是160cm，那麼高度設置成85cm左右使用起來最方便。

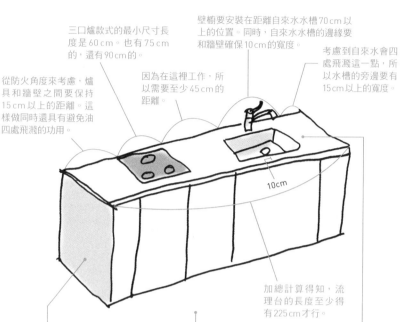

夢寐以求的中島式廚房

中島式廚房的種類也有很多

水槽和爐具一體型

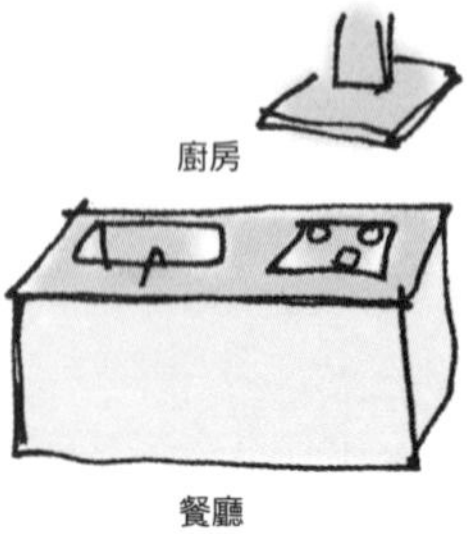

因為是開放式廚房，所以平常都要保持乾淨整潔才行。

爐具設在島嶼部分

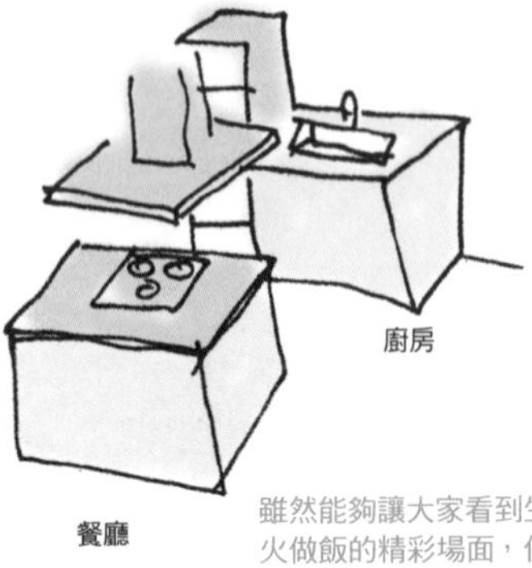

雖然能夠讓大家看到生火做飯的精彩場面，但一定要注意熱油四處飛濺的情況。

水槽設在島嶼部分

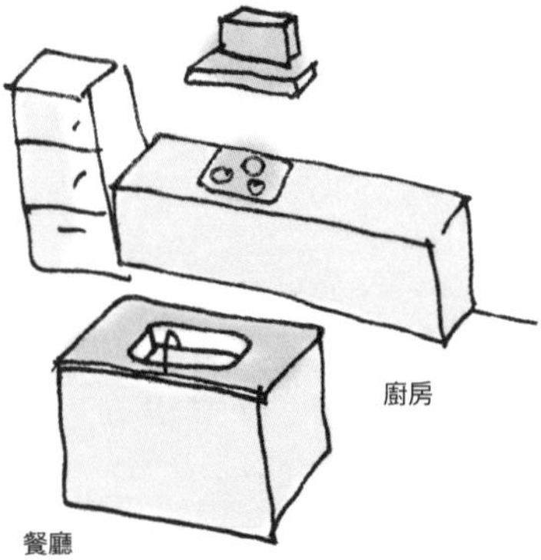

因為抽油煙機安裝在牆壁上，所以很便於使用。不僅吃完飯後就能夠立馬進行清洗，而且能夠容納多人同時工作。

工作台設在島嶼部分

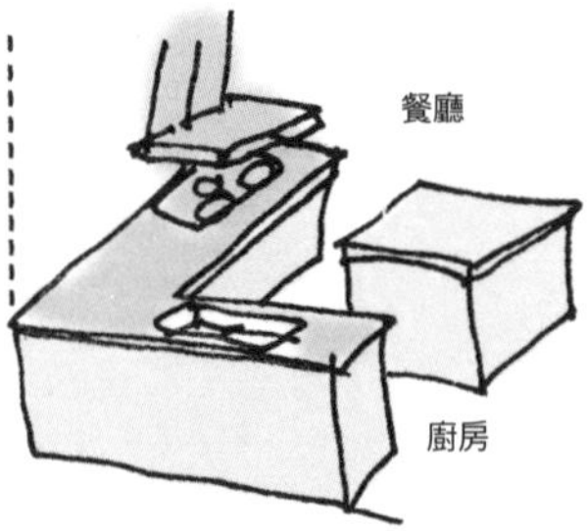

雖然能夠很輕鬆地把一般的廚房轉變成中島式，但最重要的是空間要夠大才行。

所謂中島式廚房，就是把流理台或工作台設置在跟牆壁保持一定距離的位置，看起來就像島嶼一樣的廚房佈局方式。還有一種半島式類型，則是把設備佈置成半島形狀。

廚房設備的佈局形狀有一列型、兩列型等，並沒有什麼特別之處，但如果把它們的配置位置與牆壁保持一定距離，那麼就能夠容納多人同時工作了。不僅如此，因為廚房工作台的周圍不再有死角，所以行進路線也更加順暢。但同時也產生了一個小問題，那就是被分出的島嶼部分會變得很引人注意。所以「看起來怎麼樣」、「能看到什麼」就變得非常重要。

島嶼部分要注意這些問題

水槽

關於島嶼部分的上方，要考慮與餐廳之間的連接和美觀度的問題，如果不安裝吊櫃的話，這裡會是一個讓人心情舒暢的空間。

餐廳

因為水花會四處飛濺，所以寬度要在75cm以上。

一般情況下，水槽深度設置成60cm就行。

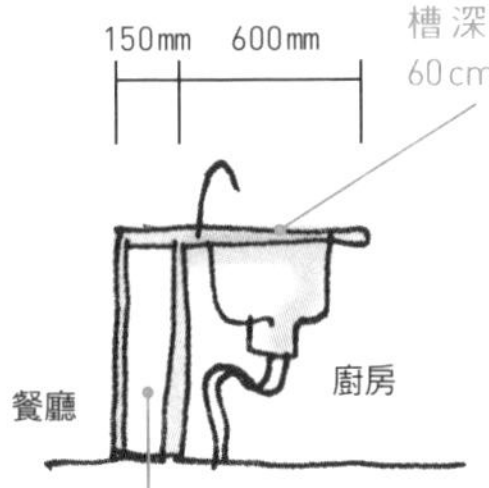
150mm
600mm
餐廳
廚房

靠近餐廳這一側的本體可以挪出部分空間用來收納。

如果把本體前方部分加高，雖然較有隱蔽性，但水分會在這裡積存，容易滋生細菌。

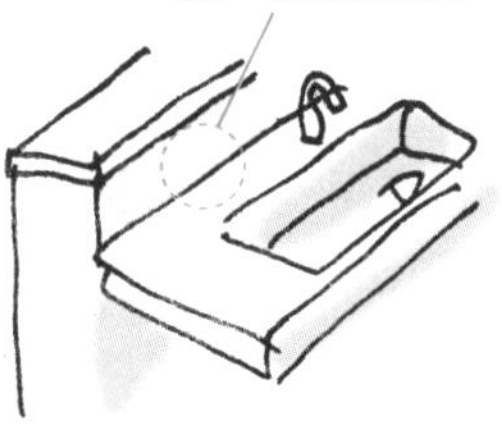

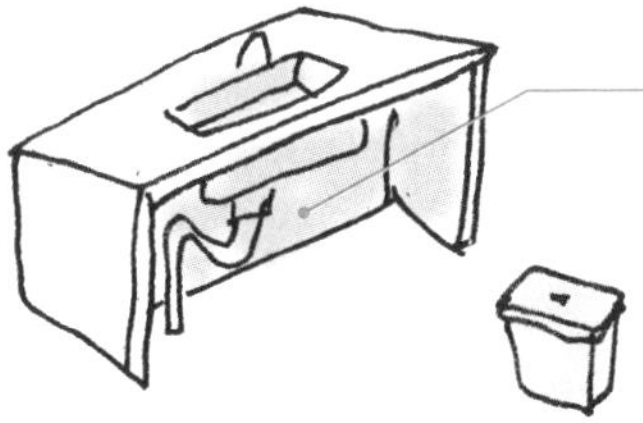

因為從餐廳的方向看不到水槽的下面，所以可以把這裡設置成開放式空間，在這裡放個垃圾桶的話會非常方便。

爐具

上面要安裝抽油煙機

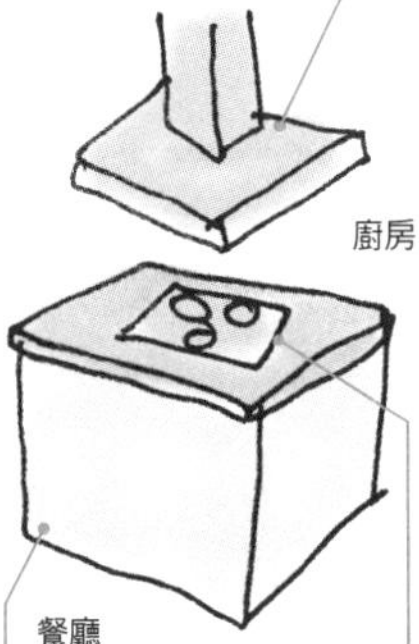
廚房
餐廳

如果考慮到油會四處飛濺的問題，那麼就要確保爐具框體和島嶼部分邊緣保持15cm的距離。

如果爐具部分是安裝在島嶼式工作台上，那麼為了避免油飛濺到地板上，其長度要達到90cm，寬度要在75cm以上才行。

抽油煙機的周圍可以用來懸掛勺子和平底煎鍋等物品。

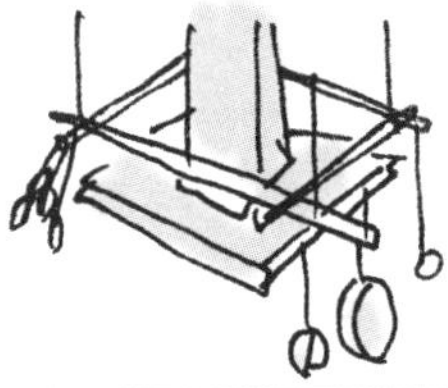

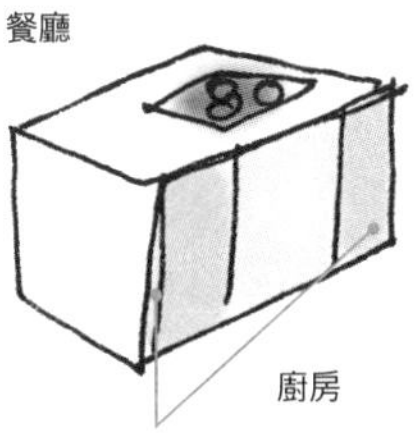
餐廳
廚房

如果在爐具的左右兩側安裝放香料和調味料的收納櫃，那麼使用起來就會方便很多。

工作台

不但便於使用，而且從餐廳的方向看過去也非常美觀。但絕對不要把物品一直堆在上面不管。

開放式架子有時候會因為存放物品的方式不同而給人一種雜亂無章的感覺。如果架子從餐廳的方向也能夠看見，那就要想辦法讓它看起來非常美觀才行，例如，在架子上安裝門，或者先用籃子存放物品再放進架子裡。

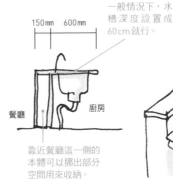

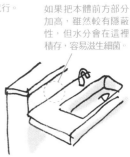

水槽下面要設置成開放式空間

廚房角落的那些不美觀風景

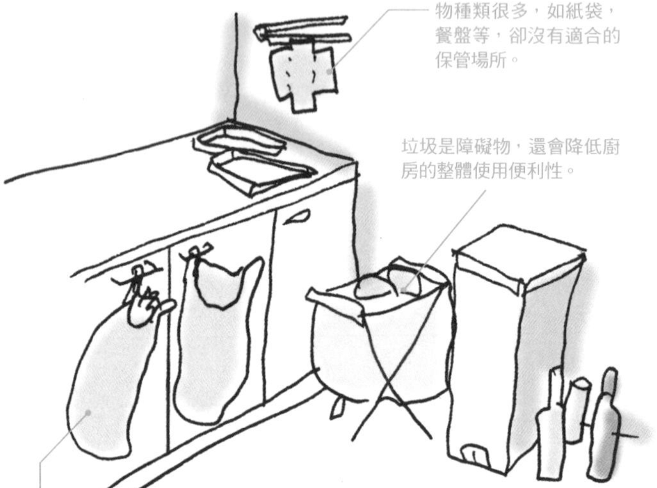
廚房裡產生的資源回收物種類很多，如紙袋，餐盤等，卻沒有適合的保管場所。
垃圾是障礙物，還會降低廚房的整體使用便利性。
這樣雖然使用起來非常方便，但因為每種垃圾都要有一個專門的塑膠袋，所以看起來很不美觀。
廚房的角落很容易變成垃圾場。為了避免這種情況發生，從一開始就要設計好專門的垃圾存放空間。

食物、餐具、烹飪用具、家電等，廚房裡需要存放的物品有很多，所以安排適當的收納空間是很重要的。然而，每天做飯都會產生的「垃圾」卻好像沒有得到大家的關注，連個被安置的正式場所也沒有。因為必須分類存放，所以絕對不是光靠一個垃圾桶就能了事。

我給大家的建議是，把多個垃圾桶放在水槽的下面。這個位置絕對不要再安裝抽屜或者門，直接把幾個垃圾桶並排擺放在那裡就行了。這樣做的好處是不會影響通道，而且垃圾的氣味也能被隔絕。至於廚餘，因為放久了就會釋出水分，所以在回收日到來之前，為了衛生上的考量，請務必盡可能地瀝乾廚餘的水分。此外，將廚餘製作成堆肥使用也是一種處理法。

利用廚房周邊區域巧妙地保存垃圾

放置在水槽下面的開放式空間

因為是開放式空間，所以如果排水管有任何異常，馬上就能夠發現。

把廚餘存放在有蓋子的垃圾桶裡。

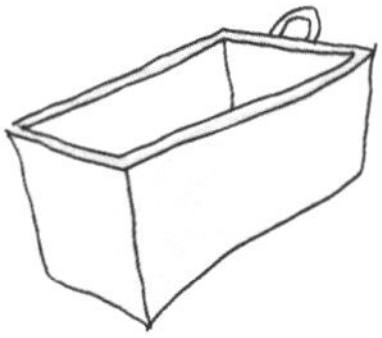

放一個籃子等看起來比較美觀的收納工具，然後把塑膠瓶、各種瓶子、罐子、餐盤等資源回收物全都放在裡面。

放在有門的收納空間

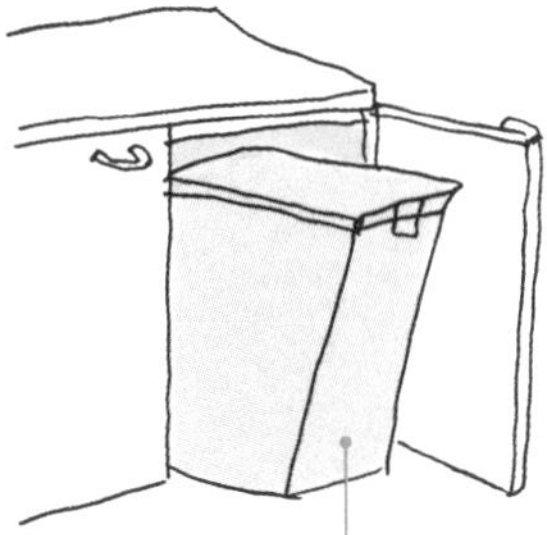

也可以把不可燃垃圾和資源回收物等沒有異味的垃圾放進有門的收納空間裡保存。

因為不衛生，所以要儘量減少廚餘的分量

把廚餘堆肥化

如果有院子，就可以在院子裡設置一個堆肥場所，把有機垃圾透過發酵轉變成肥料（根據政策規定還有資金補助）。

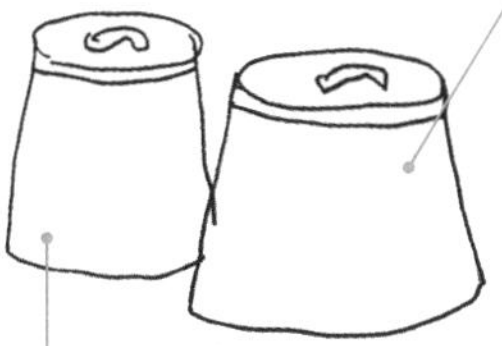

如果考慮到發酵時間，那麼最好準備兩個堆肥用工具。

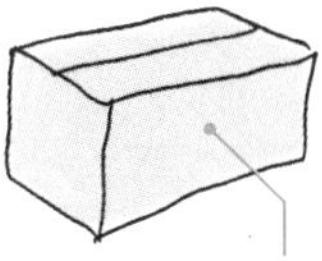

也有用紙箱子把有機垃圾轉化成堆肥的方法（利用腐葉土等內含微生物的東西+米糠等具有發酵促進作用的東西）。

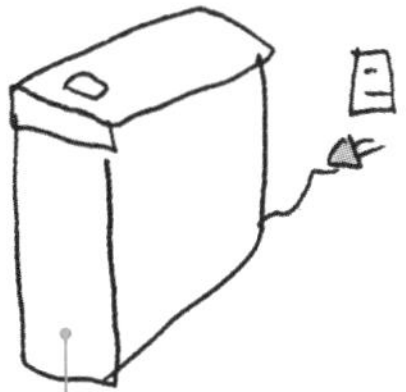

可以用廚餘處理機把廚餘絞碎並進行乾燥。然後將其和土壤混合之後放置，時間久了就自然而然轉變成堆肥。

減少廚餘的分量

在使用烤箱的時候，可以把用剩的蔬菜殘渣等混合在一起放在一個角落裡烘烤，藉此減少廚餘的分量。這樣做還有一個好處，那就是烤製出來的料理同時還能獲得煙燻的效果。夏天時，廚餘一旦久放就會散發臭味，如果對這個味道實在難以忍受，那麼可以把廚餘放在冰箱裡暫時冷凍，等回收日再取出來扔掉。

具有可變性的不銹鋼製廚房

依心情改變廚房風格的高自由度

開放式櫃檯＋推車

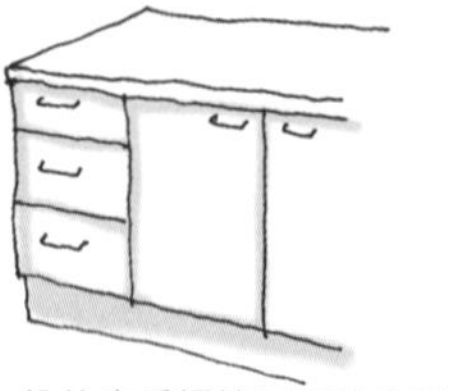

一般的廚房櫃檯下面都會設置成帶抽屜且安裝門的收納櫃。這樣的收納櫃雖然收納能力較大，但缺乏可變性。

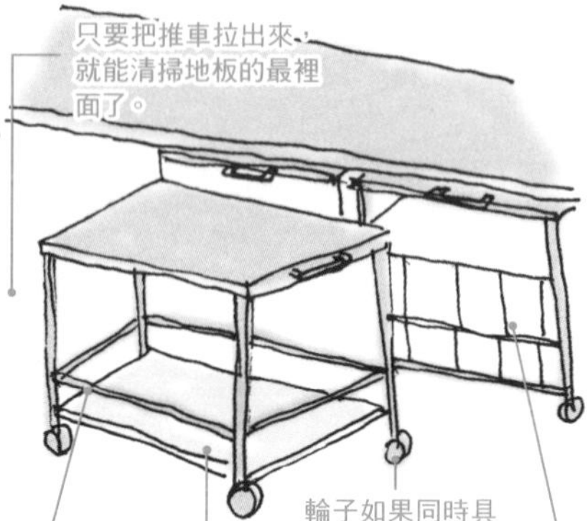

只要把推車拉出來，就能清掃地板的最裡面了。

如果採用不銹鋼製品，不但耐久性比較強，清洗起來也比較容易，而且不銹鋼這種材質本身也比較美觀。

輪子如果同時具有剎車功能，那就更好了。

櫃檯的下面最好多設置幾個安裝輪子的推車。把它們拉出來之後不但能當做工作台來使用，而且還能夠當做送餐的推車來用。

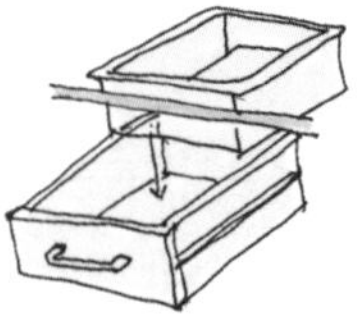

建議大家使用不銹鋼材質的抽屜。可以把它們抽出來進行徹底的清洗。

如果在推車上配置籃子，那麼還可以當做收納櫃來使用。

島嶼式桌子

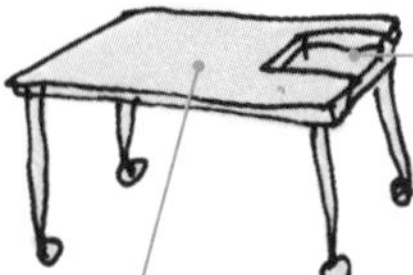

能當桌子使用，裝有輪子的不鏽鋼島嶼式工作台。

蓋子

卡式瓦斯爐

這種結構的工作台上面可以安裝瓦斯爐。閒置不用的時候就把它用蓋子蓋住。

每天在廚房裡都需要進行「洗」、「切」、「開火」、「盛放」、「收拾」等各式各樣的行為。所以對於廚房用具來說，擁有結實耐用和便於清洗※的特點才是最重要的。從這個方面來看，用不銹鋼材質來裝修廚房是最符合需求的。如果對此有所疑慮，那麼就去觀察一下餐廳裡的廚房，自然就明白了。

然而，全部用不銹鋼材質來裝修廚房花費會非常高昂。為此，可以把櫃檯下面的收納用其他材質來替換，只在最需要的地方使用不銹鋼材質的推車。未來的廚房就算裝修完成之後，也仍然具有很高的可變性。

※：不銹鋼的表面加工處理工藝有很多種，如拋光鏡面處理、表面壓花處理等，處理水垢的方式並不相同。

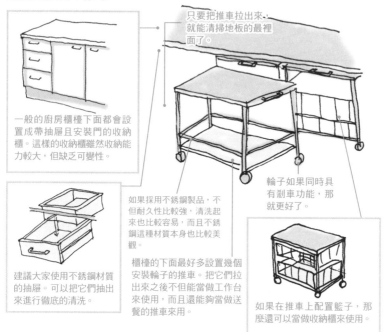

管子收納架也是非常出色的收納工具

能夠自由使用的不銹鋼管子

實用的使用方法

用管子做成的收納架有作生意用途的，也有家庭用途的，設計風格各不相同，種類也有很多種。

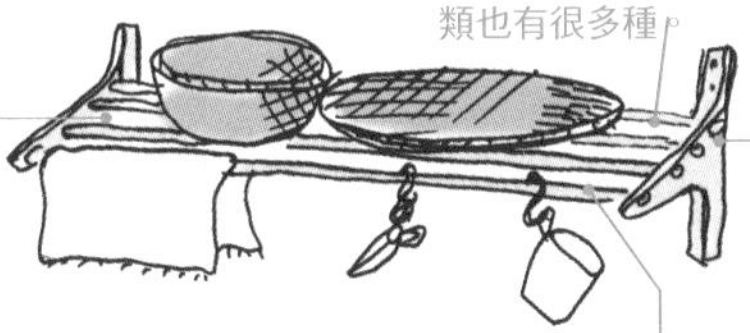

用管子做成的收納架上面可以放東西，也可以用來曬乾東西，還可以用來掛東西，非常實用。

用管子製作收納架，其長寬、尺寸都可以訂做，產品種類非常豐富。

可以吊在上面

還可以做成兩層的

小小的裝飾架

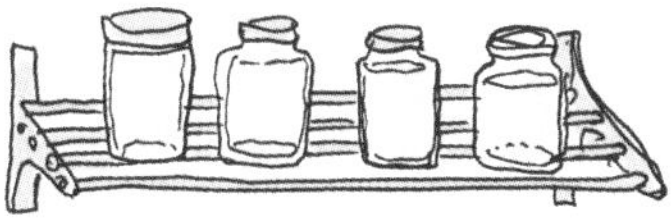

上面擺上一些設計優美的瓶子，就變成一個裝飾架。

隱藏起來使用

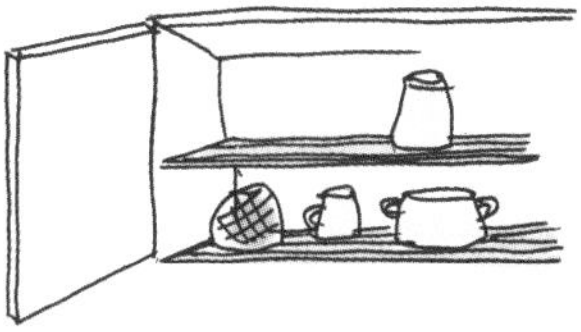

如果把它放進吊櫃裡，那麼就可以當做瀝水架使用。

還可以當做防護欄使用

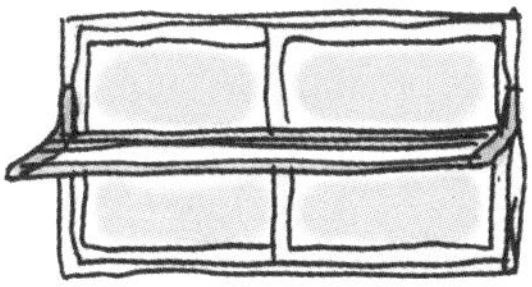

把它平行安裝在窗戶的前面，不僅有防盜作用，而且萬一有東西從二樓掉落下來的話，還能夠加以阻擋，發揮相應的保護作用。

有的家庭會把「管狀結構架」裝設在水槽的上面。在過去，很多家庭的廚房裡都能看到這樣的景象，是一種非常實用的收納架。不僅能夠用來放東西，還能用來晾乾東西，或者懸掛東西。因為原材料是不銹鋼的，所以很結實，而且作為其用途的一種，還可以把它當做時尚的裝飾品來用。在新建或者翻新房屋的時候，不妨安裝上一個，真的非常值得大家嘗試。如果是質感很好的工業產品，不僅美觀而且實用，還能夠根據實際需求進行訂做，所以能夠按照自己的想法製作滿足各種獨特需求的產品。不但能安裝在牆壁上，而且還能安裝在窗戶上，用法靈活多樣。

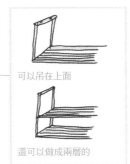

菜刀讓料理過程更具樂趣

各式各樣的菜刀架

安裝在門內側的菜刀架

安裝在櫃子門內側的菜刀架中，能夠取下來進行清洗的款式更加衛生乾淨。但要注意的是掉下來可能會砸到腳部。

插入式菜刀架

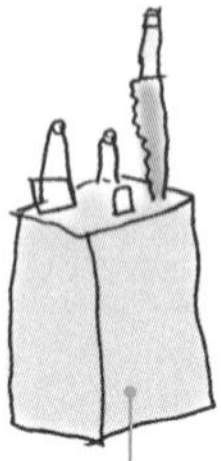

這種菜刀架的優點是非常便於抽取或插入菜刀，但缺點是佔用地方，且不便於清洗。

掛式磁力菜刀架

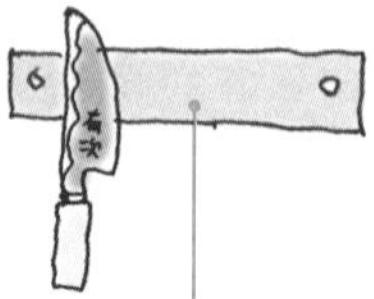

這種菜刀架的使用原理是首先把磁鐵固定在牆壁上，然後透過磁鐵的吸引力把菜刀固定住。這種菜刀架的優點是看起來非常時尚，就像國外的廚房一樣。

菜刀收納抽屜

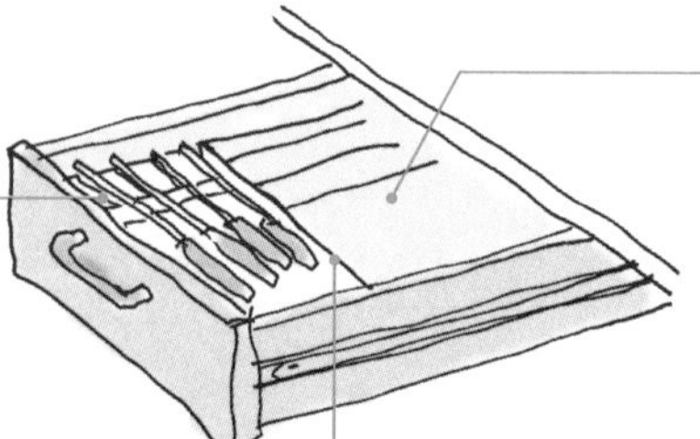

家裡有孩子的家庭，把菜刀收納到可上鎖抽屜裡是最安全的選擇。

這種菜刀收納抽屜裡配置有專用的菜刀架。

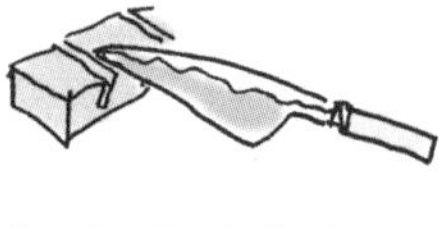

使用時只需要把菜刀插入有切口的木制菜刀架中即可。自己動手製作（DIY）也非常簡單。

在使用完菜刀之後，應該把它收納到什麼地方才好呢？

　這時在很多人的腦海中大概都會浮現出安裝在水槽下方櫃子門內側的菜刀架吧。因為是每天都要用到的物品，所以如果能夠有一個專門收納菜刀的地方，而且無論是抽取還是存放都非常方便，那麼做菜的過程應該也能更加得心應手吧。如果家裡有小孩子，在選擇菜刀架的時候，人們一定也會特別考慮安全性這個問題。

　要想心情愉悅地做好一頓飯菜，菜刀就得鋒利好用才行。因此，菜刀在沖洗乾淨以後要及時擦去水分，然後自然風乾，來防止其生銹。菜刀在使用過程中一般一個月磨一次就行，磨到切番茄時非常順手的程度最好。

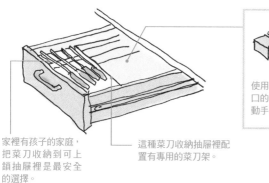

購買成品櫥櫃是一種浪費

專門用於收納食物和餐具的大型收納庫

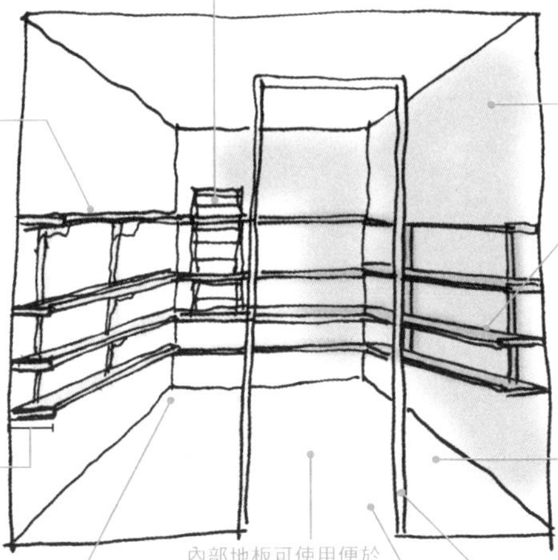

可以作為通風用的小窗戶
隔板是可移動式的。隔板上安裝有支架，支架只是簡單掛在隔板支柱上。
內壁可以用椴木複合板之類的複合板材，不需要進行任何裝飾，直接使用即可。
隔板也可以直接使用椴木的相關複合板材，不需要進行特別修飾。
關於收納庫的寬度，如果是大型收納庫，寬度至少要有一個榻榻米那麼寬（約80～98cm），如果是牆面收納櫃，櫃子寬35cm左右即可。
隔板的寬度是200～300mm，厚度是12～20mm。
內部地板可使用便於打掃的塑膠地磚或木質地板材。
收納庫的門關閉後，整個廚房顯得非常清爽，沒有雜亂無章的感覺。

能夠存放很多物品

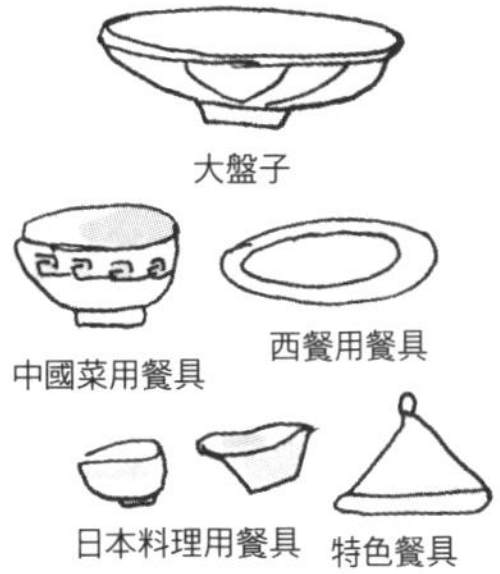

大盤子
中國菜用餐具
西餐用餐具
日本料理用餐具
特色餐具

日本料理用餐具之外，一般也同時備有中餐餐具和西餐餐具，種類和數量都非常多。

可以直接放在收納庫的地板上

根莖類蔬菜
啤酒存貨
瓶子

地板可以直接放置物品。能夠收納各式各樣的雜物。

大家不妨拋棄「櫥櫃＝成品」的既成概念，就像製作衣櫥一樣，自己動手製作一個特色櫥櫃。

櫥櫃都是成品，直接購買就行了，這種觀念恐怕已經有點過時了吧。

出人意料的，櫥櫃成了大家眼中非常複雜的大型家具。為了滿足大多數人製作而成的產品，卻往往誰的需求都不能滿足。因為每個人需要存放的東西各不相同，對尺寸的需求也有所不同。

如果能在廚房裡製作一些可動收納架，那就不需要再高價購買成品了。如果把它當做食品儲存櫃使用，那一定要比購買的成品經濟實惠不少。不僅如此，因為自己製作的收納櫃能夠容納大量的物品，所以就算多買些食材也放得下，這樣一來，就算家裡有客人突然來訪，也不會因為缺少食材而手忙腳亂，說來真是強而有力的幫手呢。

蔬菜水果應該保存在什麼地方好呢？

在今天，很少有人能夠吃到「剛摘下來的水果和剛採收的蔬菜」。那些買來的生鮮食物如果想要吃得新鮮，就必須在儲存和保存上下功夫。

　冰箱並不是萬能的，不同的食物都有各自不同的保存法。當然還有很多從古代流傳下來的長期保存訣竅，例如將其曬乾保存，或是用鹽、砂糖和醋醃製保存等。

　就像每件物品都需要有適合自己的收納空間一樣，生鮮食物同樣需要適當的保存方法和保管場地，這一點大家一定要確實理解才行。只要稍微下點功夫，就能夠把食物的美味長期保存住。

如果存放不當，問題就大了

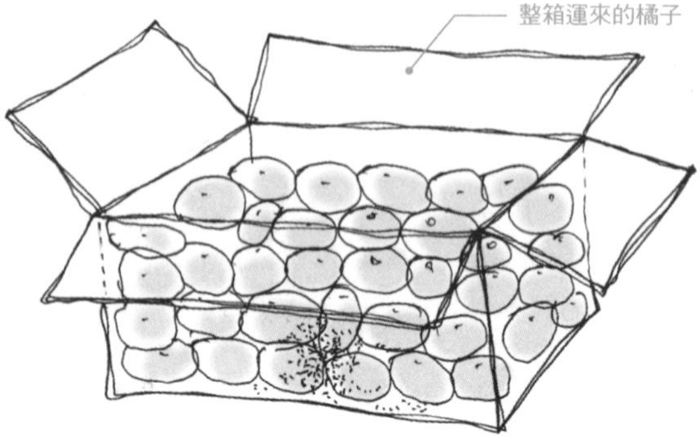

如果不把腐爛的橘子儘早從箱子裡挑出來，就會導致其他的橘子一起腐爛變質。一旦發現的時候，一箱子的橘子都爛掉了一大半，非常可惜。

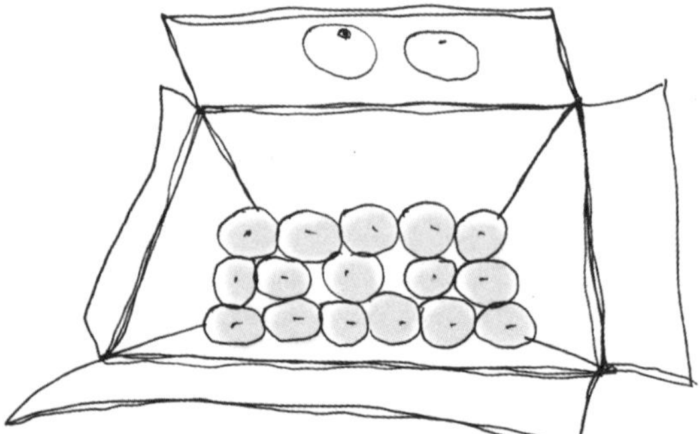

當成箱的橘子運到家裡後，應該把所有的橘子都從箱子裡拿出來，然後再重新放進箱子裡去，這樣一來，不但本來在上面的橘子能夠放到下面去，而且還能夠把腐爛變質的橘子挑選出來。然後把整箱的橘子存放在涼爽的地方，記住箱子蓋要打開，然後再在上面蓋上一張報紙就行。這樣做的話，整個冬天就都能吃到甜甜的橘子了。如果是蘋果，先在箱子裡放上稻穀殼，然後把蘋果放進箱子裡，這樣蘋果就能夠安全過冬了。

蔬菜存放的基本規則

保存在冰箱裡

對於高麗菜、大白菜和萵苣，首先要把它的芯挖出來，然後用紙巾等包起來保存，外面的葉子則用報紙包起來保存。

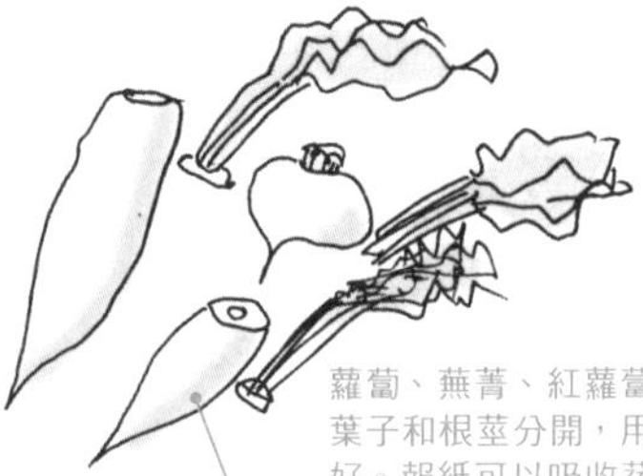

蘿蔔、蕪菁、紅蘿蔔等要把葉子和根莖分開，用報紙包好。報紙可以吸收蔬菜的水氣，還能避免因低溫受損。報紙弄髒了也不會覺得可惜，還能重複使用，是一種萬能的包覆材料。

小松菜和菠菜等葉菜類要把葉子前端向上，直放在冰箱內。蘆筍也要這樣保存。

也可以把它們清洗乾淨後放入塑膠袋綁好。如果在袋子裡裝入大量空氣再冷藏的話，就能保持清脆口感。

菇類在保存的時候要把蒂頭向上。烹飪的時候也應該保持這個方向。

保存在冷凍庫裡

番茄、菇類和蠶豆還可以進行冷凍保存。

埋在土壤裡保存

對於牛蒡、蔥和蘿蔔，可以把它們埋在院子裡或者花架的下面，不僅能夠避免乾燥，而且還能夠長期保存。

保存在陰涼的場所

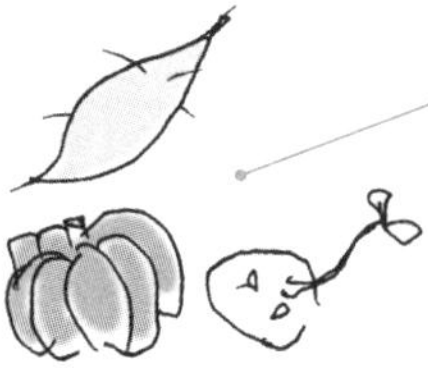

馬鈴薯、芋頭、南瓜和地瓜不能放進冰箱裡保存，而應該放進專門的食品倉庫等陰涼處保存。如果放置久了就會生芽，所以要特別注意。

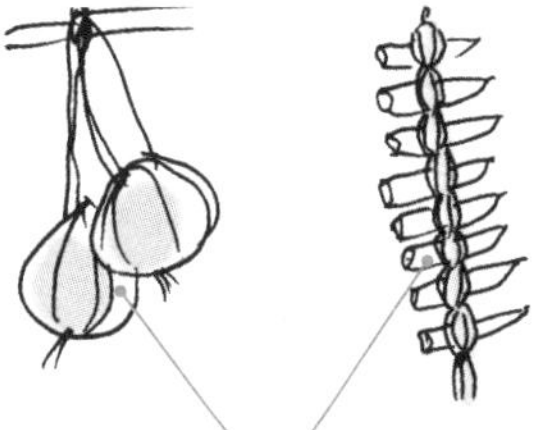

對於洋蔥、大蒜和辣椒，可以把它們懸掛在食物倉庫等地方。掛在那裡的模樣不但美觀，而且還有一股藝術氣息。

廚房是家電匯集的場所

要留心嵌入式大型家電

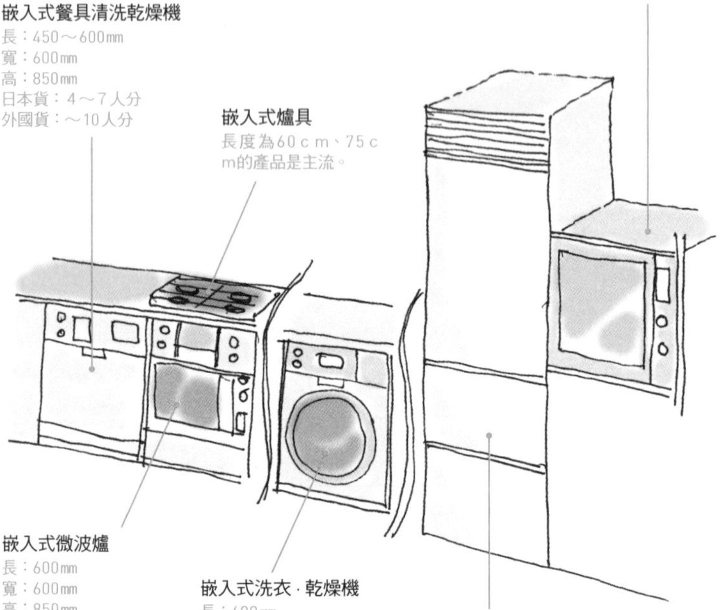
牆面收納式微波爐
長：600～900mm
嵌入式餐具清洗乾燥機
長：450～600mm
寬：600mm
高：850mm
日本貨：4～7人分
外國貨：～10人分
嵌入式爐具
長度為60ｃｍ、75ｃｍ的產品是主流。
嵌入式微波爐
長：600mm
寬：600mm
高：850mm
嵌入式洗衣．乾燥機
長：600mm
寬：600mm
高：850mm
重量：洗衣機～7公斤以內
乾燥機～4公斤以內
嵌入式冰箱
容量一般都是400公升左右的比較常見。

嵌入式大型家電無論在功能上還是在容量上都有限度。為了擺脫這種束縛，擁有自由選擇權，很多人會選擇放置型家電。

廚房裡集中存放了很多種大型家電。如果把這些大型家電存放在廚房櫃檯下面，或者直接把它們嵌入牆壁，那麼整個廚房就會顯得非常清爽整潔。因為從設計的角度來看會有一體感，所以視覺效果也非常好，不會有凌亂的感覺。不過有一個很大的缺點，那就是當電器出現故障等問題需要更換的時候，還必須選擇同樣大小的產品才行，這一點需要特別注意。

放置型家電不但價格實惠，選擇的自由度也較高，而且各種功能的進步速度非常快，更換起來也非常輕鬆。但有一個問題很容易被大家忽略，那就是與牆壁等物品之間的間隔距離問題。家電會產生熱量，有的還會釋放大量的蒸氣。因此在選擇放置位置的時候，一定要注意開關蓋子等使用過程不會有障礙才行。

會產生蒸氣的家電該放在哪裡？

與產生蒸氣的家電相關的注意事項

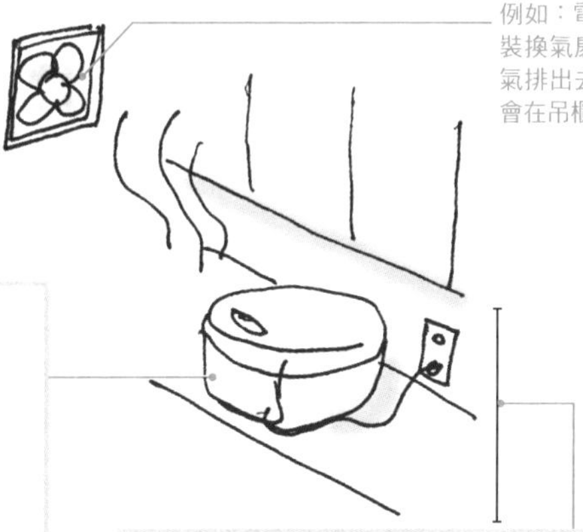

例如：電鍋。透過安裝換氣扇的方法把蒸氣排出去，讓濕氣不會在吊櫃下面積存。

出人意料的是，會產生蒸氣的家電其實有很多。電鍋自然是其中之一，蒸氣式微波爐、咖啡機、熱水壺等產品也都會產生蒸氣。

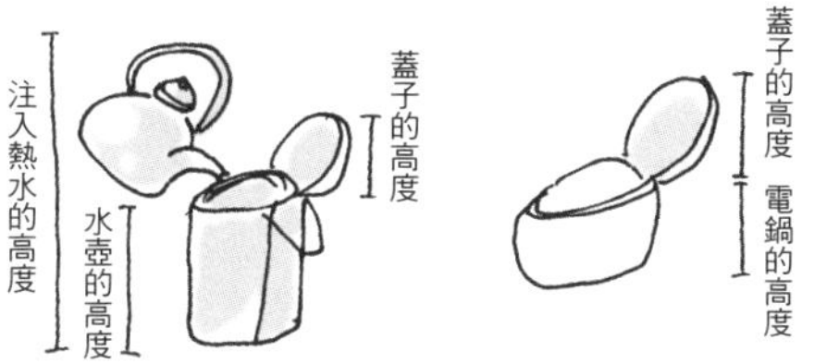
注入熱水的高度
水壺的高度
蓋子的高度
蓋子的高度
電鍋的高度

如果在廚房櫃檯上放置家電，那麼一定要提前考慮好蓋子的開闔高度。

在放置家電的地方採取應對蒸氣的措施

滑動式

位於上部的吊櫃的底板要使用耐水性材質。

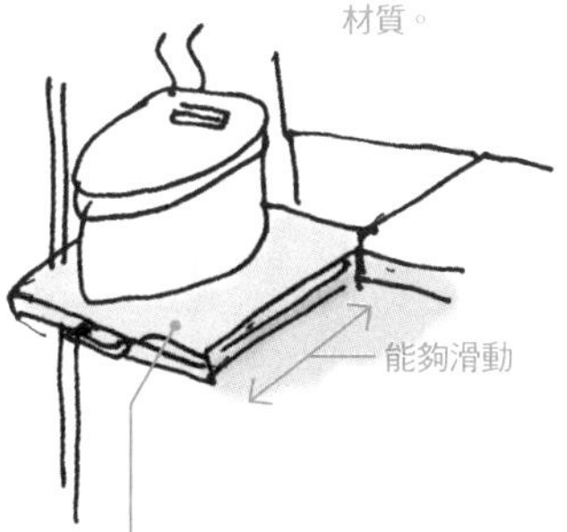
能夠滑動

把會產生蒸氣的家電放在滑動式架子上，使用的時候再把它拉出來。

推車式

吃飯的時候，先把電鍋放在推車上，然後再送到餐桌上。

如果能在推車上安裝上具有剎車功能的輪子的話，就更加放心了。

把廚房櫃檯下面設置成開放式空間，不用的時候就把電鍋等家電先放在推車上，然後一起存放在廚房櫃檯下面。

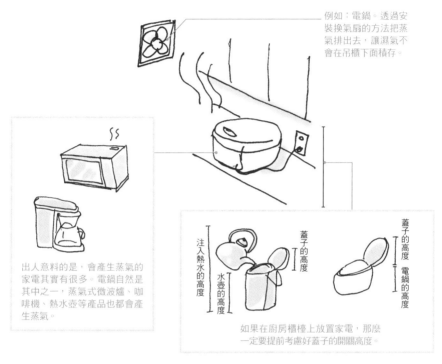

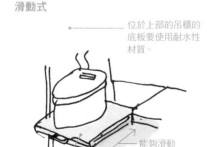

希望烹飪家電處於隨時都能使用的狀態

為了讓全家人的飯菜種類更加豐富而下定決心購置的烹飪家電，往往一直都沉睡在包裝盒裡還沒動過。所以放置烹飪家電最好的場所，就是把它們擺放在製作相關料理的場所，使它們處於能隨時上陣的狀態。如果把它們塞進角落裡，那麼取出時會很麻煩，因此很容易被我們閒置在那裡，忘記自己買過這個東西了。必須時常運用，才是擁有烹飪家電的真正意義所在。

當然，由於受到空間的限制，把所有的烹飪家電都擺出來是很難實現的。所以我們在選擇的時候要遵循一定的規律，那就是優先擺放使用頻率高的家電。但就算是使用頻率低的家電，也要把它們擺放在容易取出而且能常看到的地方。

廚房裡各式各樣的烹飪家電

使用頻率高的家電

微波爐

烤麵包機

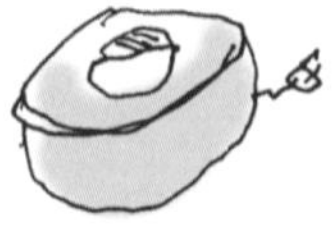
電鍋

電熱水壺

如果收納起來就不想使用的家電

手持攪拌器

咖啡機

果汁機、食物調理機

在特別的時候才想使用的家電

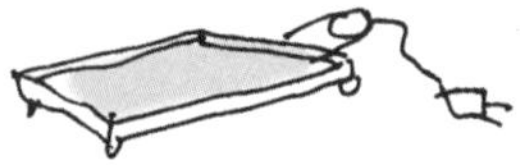
電烤盤

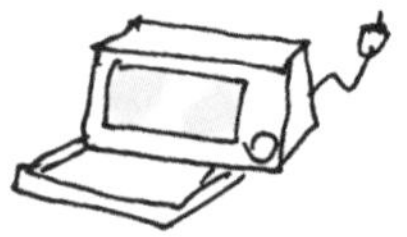
烤箱

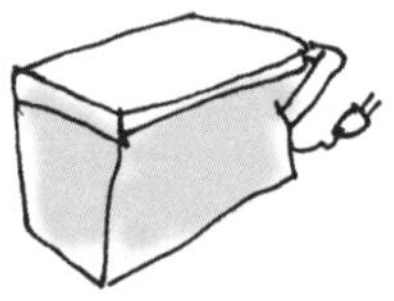
麵包機
（年糕製作機）

按照使用頻率安排擺放的先後順序

廚房櫃檯周圍的烹飪家電

果汁機和食物調理機如果不擺放在外面，那麼慢慢就會忘記使用。當然更不能選擇拆開存放等方式了。

要把手持攪拌器放在隨時都能夠使用的地方。

不要忘記在廚房櫃檯的上面和下面安裝好插座。

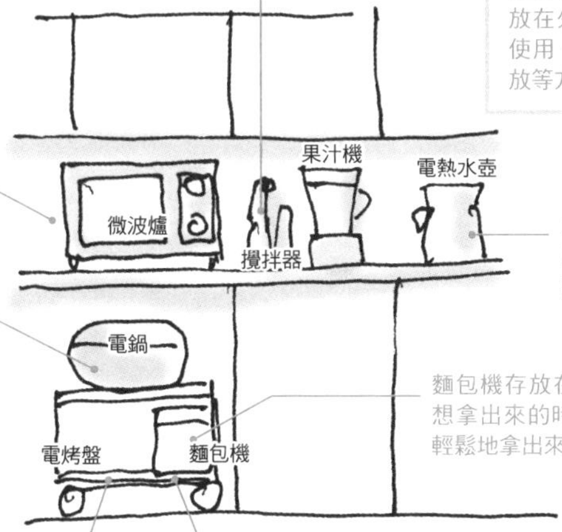
果汁機
電熱水壺
微波爐
攪拌器
電鍋
電烤盤
麵包機

要把電鍋放在滑動式架子上，這樣不但蒸氣容易散開，而且煮好的米飯也容易盛出來。

水壺一定要注意開關蓋子的時候上面的距離是否夠用。

麵包機存放在這裡，想拿出來的時候就能輕鬆地拿出來。

雖然電烤盤並不是每天都能用得著的電器，但也要把它放在能夠看得見的地方，這樣才能夠隨時提醒自己家裡還有這種家電呢。

就算是使用頻率低的烹飪家電，也要把它們放在一眼就能夠看到的地方。平時要確實掌握自己有哪些東西，這一點非常重要。

早餐桌周圍的烹飪家電

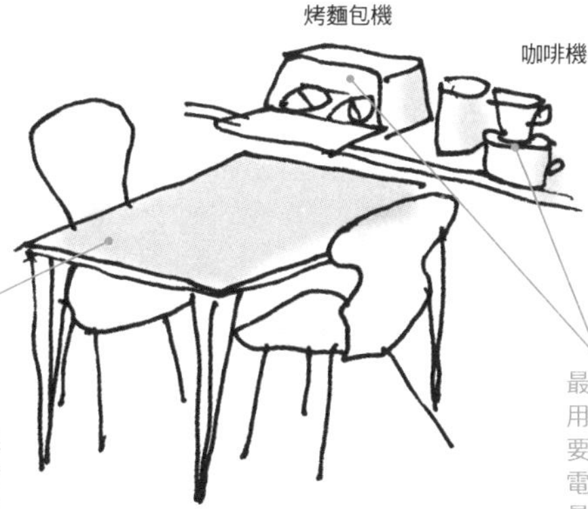
烤麵包機
咖啡機

為了能夠快速吃完早餐而特別準備的早餐桌，雖然很小，但相當合適。

最好把烹飪家電放置在使用場所附近。像麵包機等主要在早餐時間使用的烹飪家電，把它們放在早餐桌周圍最方便。

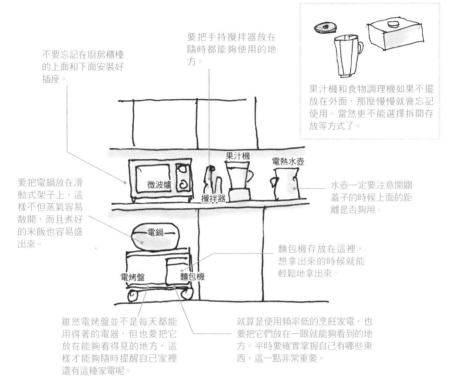

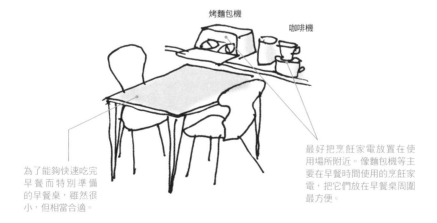

妝點廚房窗戶的防盜網

窗戶周圍的基礎知識

開口部的功能配件

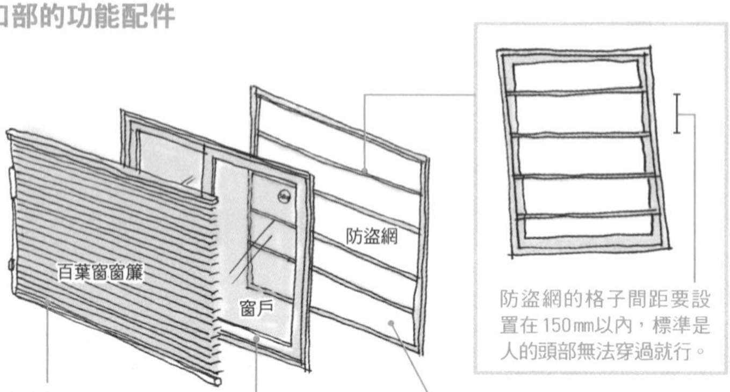

防盜網的格子間距要設置在150mm以內，標準是人的頭部無法穿過就行。

用來遮擋視線或者太陽光照射。

要想擁有良好的通風效果，就安裝可移動式窗戶。要想擁有良好的採光性和美好的視野，就安裝固定式窗戶（鑲嵌窗戶）。

作為開口部的防盜對策，除了防盜網以外，還要安裝輔助鎖，同時還要在窗戶上安裝防盜玻璃，是比較常見的防盜方法。現成的防盜網中很多產品都是鋁製品，設計也是馬馬虎虎。內側經常會設置紗窗。

不適合安裝防盜網的窗戶

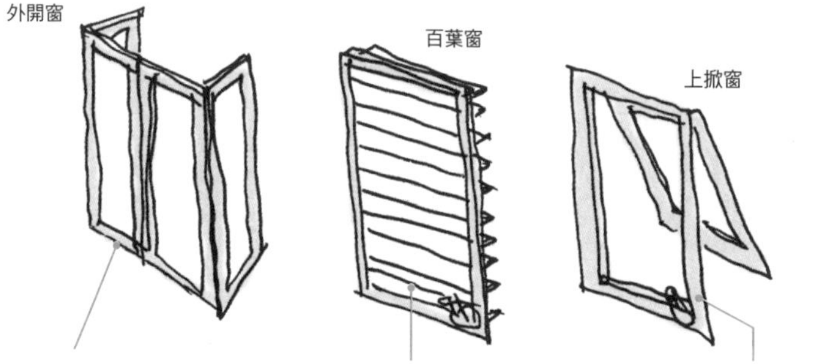

向外敞開的窗戶不適合安裝防盜網，因為安裝了防盜網後窗戶的開關就沒那麼方便了。

因為窗板開啟會碰上防盜網，所以需要保持一定的距離。不僅如此，因為百葉窗的通風效果非常好，有時反而會成為缺點。

防盜網會妨礙開啟，所以並不適合安裝。

如果為了達到室內換氣的目的，就算睡覺的時候也打算開著廁所或者廚房窗戶的話，相應的防盜措施就是不可或缺的。如果是安裝在窗戶外面，那麼一定要安裝那種堅固且防盜能力強的產品，如框架一體型防盜網、鋼製或不銹鋼製防盜網等。

把防盜網安裝在窗戶內側也是一個很好的辦法。如果是廚房窗戶，就能在防盜網上懸掛一些烹飪小用具，也可以在架子上面放一些植物或者小件物品當做裝飾品，總之有很多積極的使用方法。格子的設計擁有很大的自由度，不過有一點一定要注意，那就是格子之間的間隔一定在15cm以內才行。否則，一旦有人從中鑽進房間裡來的話，那就太危險了。

提高室內側的防盜網設計性

用木質架子當內部防盜網

在上面放一些小件物品等當做裝飾。

把長柄勺等烹飪用小件物品直接掛在上面進行收納。

格子的形狀可以進行設計。

還可以用來風乾香草、辣椒和大蒜等。

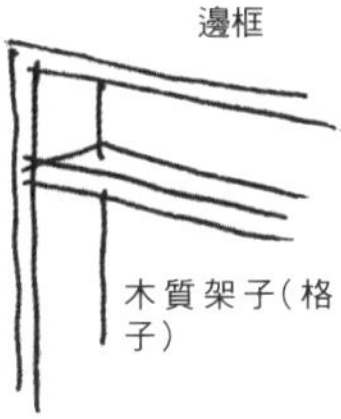

如果窗戶內側的框架（邊框）是木製品，就可以安裝木質架子當做內部防盜網，簡單方便，特此推薦。

可以充當鋼製多功能收納架的防盜網

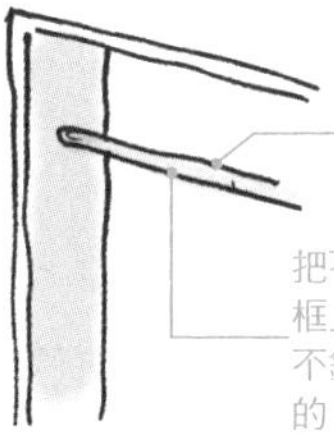

把不銹鋼管子、鐵棒安裝在邊框上當防盜網使用，也是一個不錯的辦法。因為格子是棒狀的，所以可以用來懸掛物品、晾乾物品等，非常受歡迎。

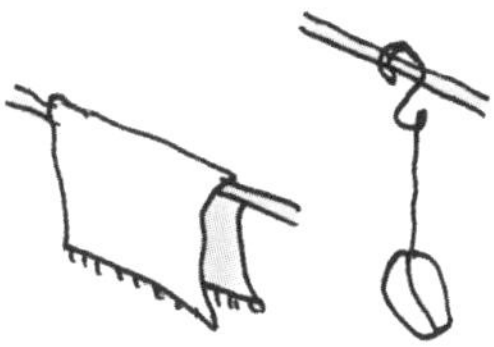

可以用來掛毛巾和長柄勺。

在單純的設計上下點功夫

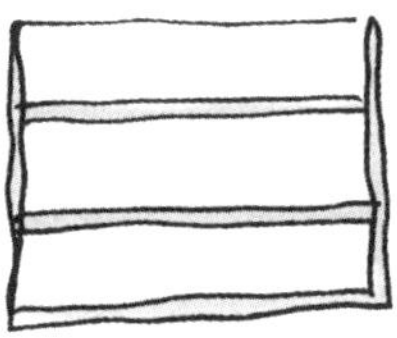

雖然防盜網的作用是確保安全，但也可以把它設計成柵欄的形狀，盡可能發揮創意吧。

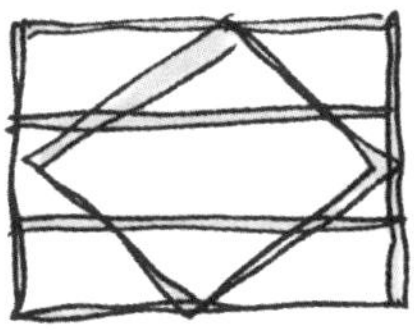

如果因間隔太大而感到不安全，那麼可以透過增加不同角度格子的方式來提高防盜效果。

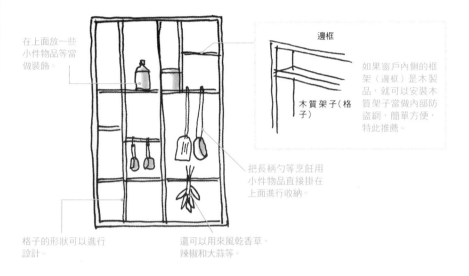

對高齡者友善的廚房空間

對於高齡者來說，「高的地方」很危險

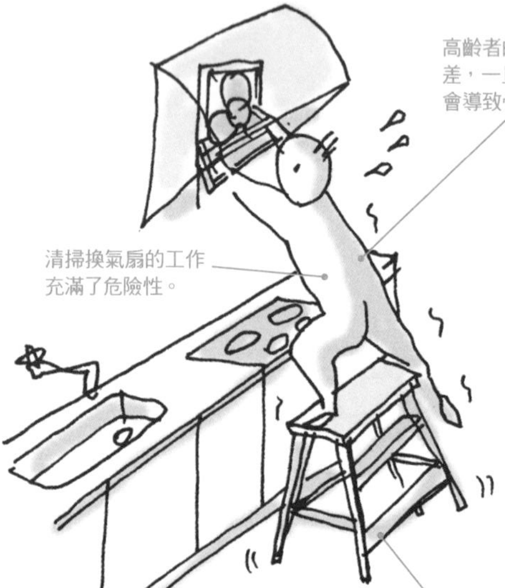
高齡者的平衡感通常比較差，一旦掉下來，就可能會導致骨折。
清掃換氣扇的工作充滿了危險性。
因為凳子不穩定，所以非常危險。

廚房特別重視收納能力，之所以連天花板上都掛上吊櫃就是這個緣故。然而，在高處過度設置收納空間其實是一個值得商榷的問題。因為不但不便進行清掃工作，而且取出和存放物品都很不方便，很容易出現死角。不僅如此，如果是高齡者的居住空間，那麼在高處放置物品本身就是一件非常危險的事情。所以，那些沒有踩著凳子就搆不到的收納櫃，和那些必須定期維修保養的物品最好還是不要安裝。

「身高」這個詞彙大家都知道，就像文字的表面意思一樣，要想擁有舒適方便的居住環境，一定要謹記它和我們居家環境的密切關聯性。

老人和孩子都便於使用的廚房

不要在天花板上設置一大堆吊櫃。吊櫃的高度一定是伸長手臂就能搆到才行。

扔垃圾的時候走後門。

在廚房安裝一扇窗戶，讓空間明亮起來。為了讓空氣流通而必須長時間打開窗戶時，請記得安裝格子窗等防盜措施。

如果把佛龕設置在廚房旁邊，那麼擺放供品的時候就不會有任何負擔。

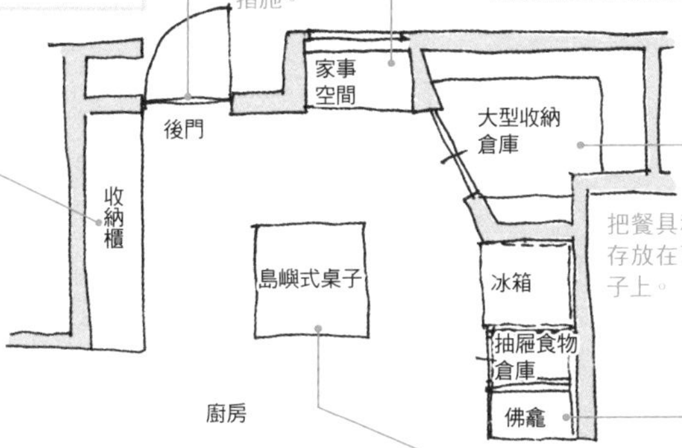
家事空間
後門
大型收納倉庫
收納櫃
島嶼式桌子
冰箱
抽屜食物倉庫
佛龕
廚房

把餐具和食材等存放在可移動架子上。

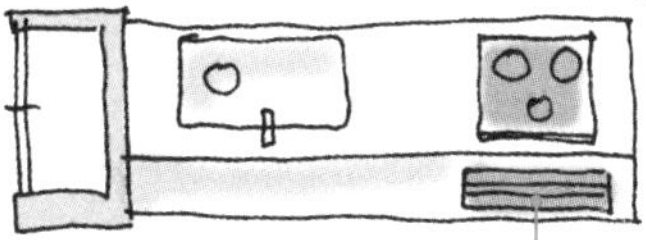

側吸式抽油煙機因為就在一般高度，所以清掃起來非常方便，特此推薦。

從四個方向都能使用的工作台。下面是設置成開放式收納架。

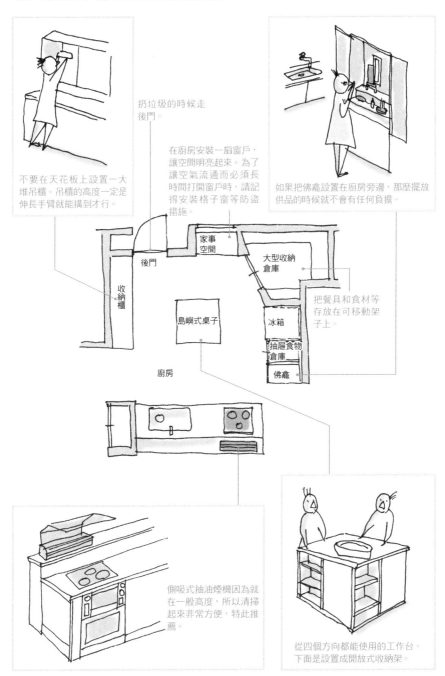

廚房和餐廳之間的微妙關係

把雜亂無章關到門後面

也能夠看到在餐廳裡的孩子

哪怕廚房只有一部分是和餐廳相連接的，廚房裡亂七八糟的感覺也會連帶影響餐廳。

有客人來的時候……

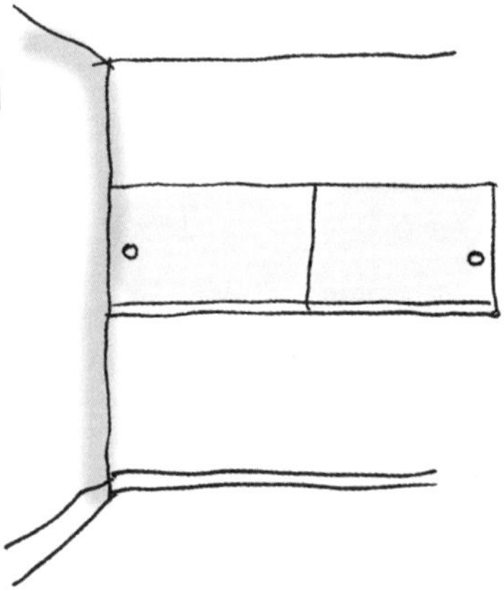

用一扇門把餐廳和廚房空間隔開來，這個方法自古以來就有。這樣一來，餐廳就會給人一種清爽整潔的印象。

不喜歡自己一個人憋在廚房裡做飯，但又不想讓別人看到廚房裡雜亂無章的情景，這是很多家庭主婦的共同煩惱。

在獨立的廚房裡設置一個開口，透過門的開關，讓廚房和餐廳保持有彈性的一體化，這個方法其實自古以來就有了。相反，如果餐廳和廚房本來就是一個空間，那麼就可以用家具把這個空間大致區隔開來。例如，可以將兩側都能夠使用的「餐具架」當成隔間牆把餐廳和廚房分割開來。同樣的，透過安裝玻璃門或者設置一個小開口，就能夠維持空間之間的連結感。

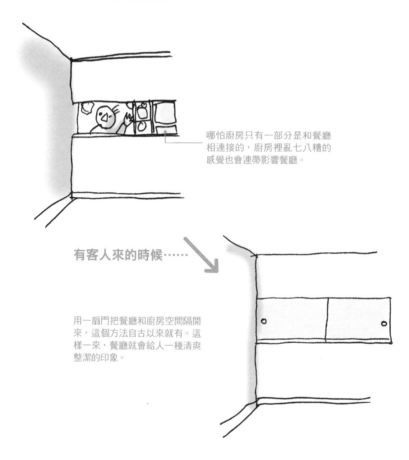

用餐具架把空間區隔開來

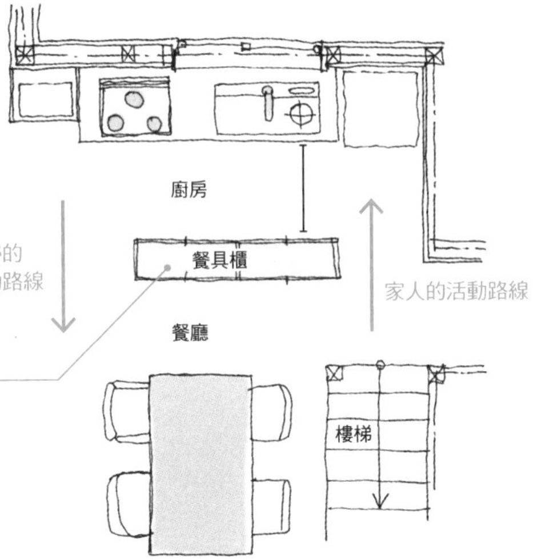
廚房
餐具櫃
餐廳
樓梯
家庭主婦的主要活動路線
家人的活動路線
無論是在餐廳還是在廚房都能夠使用的餐具架，把空間區隔開來，同時也把動線區分出來，相當方便。

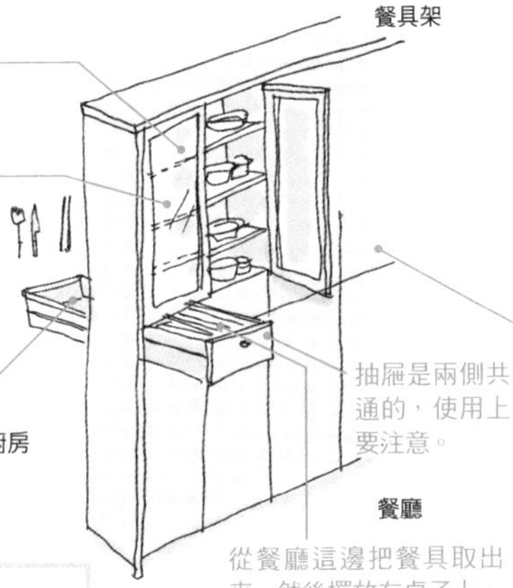
餐具架
透過玻璃門能夠看到廚房裡的景象。
廚房那一側也安裝著玻璃門。
因為從廚房那一側也能夠使用，所以能夠立刻進行清洗並收拾整齊。
廚房
抽屜是兩側共通的，使用上要注意。
餐廳
從餐廳這邊把餐具取出來，然後擺放在桌子上。

大型開口

不必非得是玻璃門，板門也可以。
如果把一部分設置成開口，那麼廚房和餐廳就能相互連結。同時開口還能當做送菜口來使用。
如果這裡是只能從一邊來使用的收納櫃，那麼背面看起來就只不過是一面牆而已。

小型開口

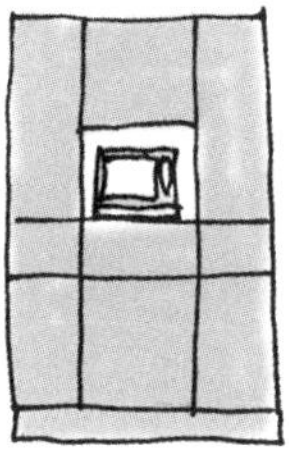

如果在上面放置家電來堵住開口，那麼就能保有一種距離感。只是一定要處理好家用電器背面的線路和整潔等問題。

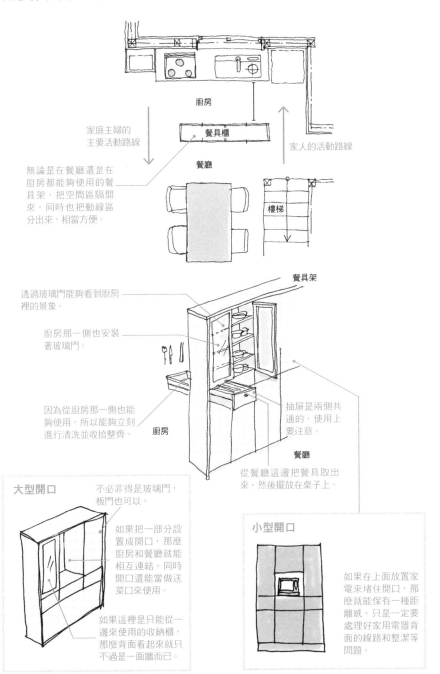

透過擺放日用品把空間分割開來

從廚房裡觀察

當我們在廚房裡忙碌的時候，那種亂七八糟的景象應該是最不想讓人看到的一幕吧。這種時候就能運用擺上許多小物品的裝飾架來區隔空間。若是想一邊做事一邊看電視或者跟家人聊天，只要減少架上的物品數量，立刻能恢復空間之間的連結。

也可以把自己擁有的日用雜貨和書籍擺放在上面。

在把廚房和餐廳間隔開來的矮牆上設置一個裝飾架。

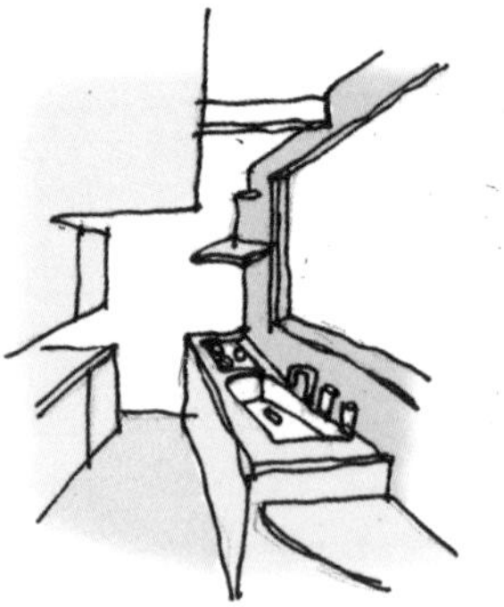

如果與餐廳相連的開口上沒有架子，那麼無論什麼時候，廚房都給人一種只是在開口部另一側的感覺。

從餐廳裡觀察

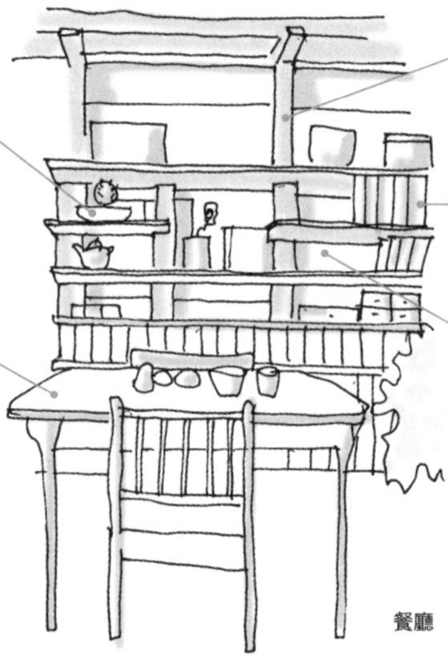

利用建築的承重柱設置裝飾架。

因為架子上容易堆積灰塵，所以要經常用雞毛撣子清掃才行。

把美麗的書籍或者小件物品擺放在架子上。這個區隔手法比較適合那些非常擅長展示的行家。

從餐桌角度上觀察廚房的話，看著自己喜愛的日用雜貨井然有序地排列，非常有意思。

展示架的另一頭就是廚房。

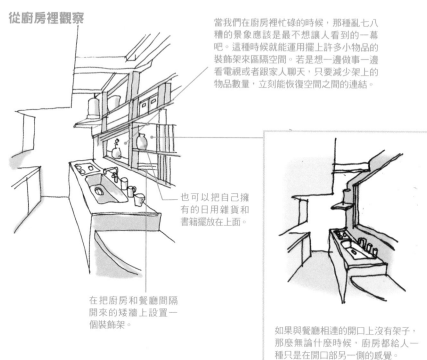

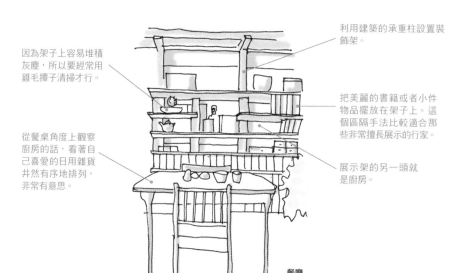

參考文獻

- 《住宅醫生的改建讀本》田中娜奧美編、彰國社、2015年
- 《打造為高齡者著想的居家環境》NPO法人居家營造協會編著，彰國社、2007年
- 《打造講究居家環境的創意圖鑑》NPO法人居家營造協會編著，X-Knowledge、2015年

後記

所謂的「生活」，本來就是一件非常幸福快樂的事情。我作為「生活者中的一員」，首先當然得先愉快地享受自己的生活。同時，我也是一個住宅設計師，因此除了自己的生活之外，也必須將住戶的「幸福生活具體化」作為首要考量。

人們的幸福存在於每天點點滴滴的生活中，雖然每天能獲得的喜悅可能非常渺小，但只要一天天累積起來，就會凝聚成為了明天的奮鬥而儲備的活力。也就是說，看似平凡地度過「平安順遂的每一天」，才是人們無可替代的貴重之物。而我就是期待自己能為大家持續創造這種生活的載體。

當我在設計住宅的時候，一定會先詢問客戶兩個問題。一個是「你在做什麼的時候會感到幸福？」、另一個是「喜歡和討厭的家事是什麼？」。然後在實際進行設計的過程中，我會將那些幸福之事的進行場所和喜歡的家事列為打造一個家的中心目標。

有許多人表示，他們會感到幸福的時刻，通常是和家人一起用餐的時候、在天氣晴朗的日子裡曬衣服的時候、或是在微風吹拂中一邊看書一邊小憩的時候。總之，其實都不過是我們平凡日常生活中的一個片段而已。而和這些事物相關的料理、洗衣等家事，正是受到眾人「喜愛」的家事。

相反的，無論詢問多少次，絕大多數人討厭的家事都是清掃、收拾整理之類的事情。當他們再被問及為什麼會討厭這些家事的時候，答案大多是麻煩、沒時間、沒地方、家人沒有一個要幫忙、剛開始不知道該從哪裡著手等等。

然而，只要能找到原因所在，要尋求解決之道並不困難，接下來只要將那些問題點依序排除就沒問題了。如果覺得麻煩，只要花點巧思讓它們不再麻煩就好。如果家人不幫忙，那就大家一起制定一個共同規範就可以了。將那些問題一個一個解決的話，就算是過去討厭的家事也能逐漸讓人覺得「自己好像能把它做好」。就像這樣一步步地向前邁進，就會慢慢變得能享受其中的樂趣。

我在進行設計的時候，一定都會和客戶經過多次的溝通討論，在這個過程中，有時也會出現連我這個專業領域人士都未曾想到的有趣創意，結果反倒是我從客戶那裡學到很多東西。這次，我在認真地參酌那些創意的基礎上，以我個人的觀點出發，將「收拾整理」作為本書的核心主題。希望這是一本可以讓大家在閱讀過程中能感受到樂趣，也能從中獲益的書籍。書中的實例都是以我作為一個設計者累積的經驗所歸納出的實際解決之道。

讀了這本書的朋友們，如果你們的生活能因此變得更加幸福愉快，我個人會對此深感榮幸。

田中娜奥美

PROFILE

田中娜奧美 (TANAKA NAOMI)

一級建築師、NPO法人居家營造協會會員、一般社團法人住宅醫協會認定住宅醫師。1963年出生，畢業於女子美術短期大學造形學科。曾任職N建築設計事務所以及藍設計室，1999年設立田中娜奧美工作室〜一級建築士事務所。著有《住宅醫生的改建讀本》(彰國社)等作品。以「生活者的一員」自居，期許自己能打造出可以讓人享受生活的住家。

TITLE

扭轉思維！打造幸福家居的創意圖鑑

STAFF

出版　瑞昇文化事業股份有限公司
作者　田中娜奧美
譯者　瑞昇編輯部

總編輯　郭湘齡
責任編輯　徐承義
文字編輯　黃美玉　蔣詩綺
美術編輯　陳靜治
排版　執筆者設計工作室
製版　大亞彩色印刷製版股份有限公司
印刷　桂林彩色印刷股份有限公司
　　　紘億彩色印刷有限公司

法律顧問　經兆國際法律事務所　黃沛聲律師

戶名　瑞昇文化事業股份有限公司
劃撥帳號　19598343
地址　新北市中和區景平路464巷2弄1-4號
電話　(02)2945-3191
傳真　(02)2945-3190
網址　www.rising-books.com.tw
Mail　deepblue@rising-books.com.tw

初版日期　2017年11月
定價　320元

ORIGINAL JAPANESE EDITION STAFF

イラスト　田中ナオミ
デザイン　米倉英弘（細山田デザイン事務所）
編集協力・組版　ジーグレイプ

國家圖書館出版品預行編目資料

扭轉思維!打造幸福家居的創意圖鑑 / 田中娜奧美作 ; 瑞昇編輯部譯. -- 初版. -- 新北市 : 瑞昇文化, 2017.11
160面 ;　14.8 x 21公分
ISBN 978-986-401-200-8(平裝)

1.家庭佈置 2.空間設計

422.5　　106016720